高等学校信息工程类系列教材

计算机网络原理与技术实验教程

史长琼　姜腊林　廖年冬　熊兵　编著

西安电子科技大学出版社

内 容 简 介

本书根据高等院校不同专业的教学要求,从提高动手实践能力的角度出发,系统地介绍了网络协议分析、网络原理综合设计、网络安全编程以及无线局域网实验等内容,涵盖了 Windows 常用网络操作命令和工具、协议分析方法和工具以及 Socket 编程,着重设计了 TCP/IP 各层协议的观察和编程开发实验,以及网络安全编程实验,使学生能够更深刻理解计算机网络原理,熟练掌握网络编程技术,增强动手实践能力。

本书可作为高等院校相关专业"计算机网络"、"网络协议编程"、"网络安全"、"无线网络技术"等课程的实验辅助教材,同时还可作为相关课程的课程设计的辅助教材,也可作为计算机网络工程技术人员的参考书。

图书在版编目(CIP)数据

计算机网络原理与技术实验教程/史长琼等编著. —西安:西安电子科技大学出版社,2015.1(2023.4 重印)
ISBN 978–7–5606–3572–9

Ⅰ.① 计⋯   Ⅱ.① 史⋯   Ⅲ.① 计算机网络—高等学校—教材   Ⅳ.① TP393

中国版本图书馆 CIP 数据核字(2014)第 298020 号

策   划   马晓娟
责任编辑   马晓娟
出版发行   西安电子科技大学出版社(西安市太白南路 2 号)
电   话   (029)88202421 88201467   邮   编   710071
网   址   www.xduph.com   电子邮箱   xdupfxb001@163.com
经   销   新华书店
印刷单位   广东虎彩云印刷有限公司
版   次   2015 年 1 月第 1 版 2023 年 4 月第 2 次印刷
开   本   787 毫米×1092 毫米 1/16 印张 7
字   数   161 千字
定   价   17.00 元
ISBN 978 – 7 – 5606 – 3572 – 9 / TP
XDUP 3864001–2

＊＊＊ 如有印装问题可调换 ＊＊＊

前　言

　　计算机网络是支撑现代经济发展和科技创新的信息基础设施，计算机网络课程也已成为国内外高等院校不同专业广泛开设的课程。掌握计算机网络原理与技术通常需要经历理论学习、观察思考及编程实践等几个阶段。通过课堂教学和资料阅读了解网络基本原理，这是理论学习阶段；通过网络协议观察实验，进一步思考和理解协议的特点，这是观察思考阶段；根据具体功能需求，编程实现具体的协议功能，这是编程实践阶段。经过这三个阶段的学习，能使学生更深刻地理解计算机网络原理，熟练掌握网络编程技术，增强动手实践能力及创新能力。因此，网络实验是学习计算机网络原理不可或缺的重要环节。

　　本书在简要介绍主要的 TCP/IP 协议原理的基础上，重点讲述了怎样对这些协议进行观察与思考；阐述了编程模拟具体协议功能的基本方法；讲解了基于 TCP/IP 协议实现网络安全功能的基本方法。本书设计的实验对实验环境要求低，便于实施，即以 Windows 为操作系统平台，Wireshark 为网络协议分析工具，Socket 为网络应用编程接口，不需要大量的网络设备和复杂的网络环境。

　　全书分为四章。第 1 章简要介绍了 Wireshark 协议分析工具的使用方法，然后按照分层模型，自底向上安排了 11 个协议的配置观察实验，并且根据需要介绍了 Windows 操作系统常用网络命令的使用方法和常用实验工具的配置方法。第 2 章先简要介绍了 Socket 编程的一般方法，然后设计了 6 个编程实验，阐述怎样编程模拟协议功能。第 3 章安排了 6 个编程实验，阐述怎样编程实现网络安全功能，比如加密、流量统计、扫描端口、网络嗅探等。第 4 章先简要介绍无线局域网技术，然后设置了 3 个无线局域网配置实验，介绍了无线局域网的配置方法。

　　本书可以作为高等院校相关专业"计算机网络"、"网络协议编程"、"网络安全"、"无线网络技术"等课程的实验辅助教材，同时还可以作为相关课程的课程设计的辅助教材，也可以作为计算机网络工程技术人员的参考书。本书第 1 章思考题的参考答案及第 2 章、第 3 章的参考源程序代码，授课老师可向出版社或作者索取。

　　本书由史长琼、姜腊林、廖年冬和熊兵共同编写，由史长琼、姜腊林完成全书统稿。在编写过程中，吴佳英、龙际珍和向玲云等参与了实验设计和代码编写。本书是作者多年教学实践工作的总结，同时作者将从网络上收集的一些实验实例进行了加工、修改后也纳入书中，在此向实验原创者表示衷心的感谢。

　　计算机网络技术发展迅速，限于作者的学识，本书难免有不妥之处，恳请读者来信批评指正，作者将万分感谢。作者联系方式：shi.changqiong@163.com。

作　者

2014 年 7 月

目　　录

第 1 章　网络协议分析

TCP/IP 协议栈分为四层(如图 1-1 所示),从下往上依次为网络接口层、网际层、传输层和应用层,实际上网络接口层没有专门的协议,它使用连接在 Internet 网上的各通信子网本身所固有的协议,如以太网的 802.3 协议等。本章主要对网络接口层的以太网的 802.3 协议,网际层的 IP 协议、ARP 协议及 ICMP 协议,传输层的 TCP 协议和 UDP 协议,应用层的 FTP 协议、DNS 协议、HTTP 协议等 TCP/IP 的核心协议进行分析。

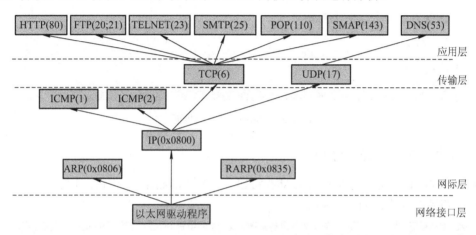

图 1-1　TCP/IP 协议簇

本章实验的基本思路是使用协议分析工具从网络中截获数据报,对截获的数据报进行分析。通过实验,使学生了解计算机网络中数据传输的基本原理,进一步理解计算机网络协议的层次结构、协议的结构、主要功能和工作原理,以及协议之间是如何相互配合来完成数据通信功能的。

Windows 环境下常用的协议分析工具有:Sniffer Pro、Netxray、Iris、Wireshark 以及 Microsoft Network Monitor 等。本书选用 Wireshark 作为协议分析工具,并在 Windows XP 环境下进行协议分析。

1.1　网络协议分析器 Wireshark

网络协议分析器 Wireshark 是目前最好的、开放源码的、获得广泛应用的网络协议分析器,支持 Linux 和 Windows 平台。Wireshark 1.12.0 版本整合了 Winpcap 4.1.3。本章以 Wireshark 1.12.0 版本为依据,介绍用 Wireshark 进行协议分析的方法。

Wireshark 的安装比较简单,下载完 Wireshark 即可进行安装。运行 Wireshark 后首先进入如图 1-2 所示的 Wireshark 启动界面。

图 1-2　Wireshark 启动界面

1.1.1　Wireshark 主窗口简介

在 Wireshark 启动界面点击 Start 捕获按钮，进入 Wireshark 主窗口。主窗口包含了捕获和分析包相关的操作，如图 1-3 所示。

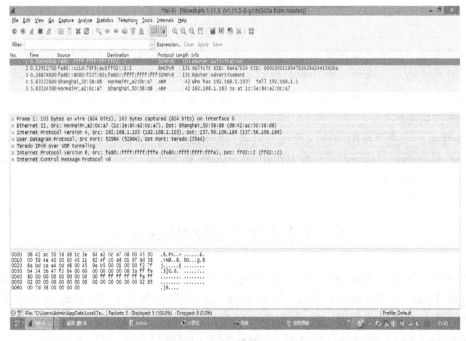

图 1-3　Wireshark 捕获数据包后的主窗口

(1) 菜单栏。菜单栏通常用来启动 Wireshark 有关操作，例如 File、Edit、Capture 等。

(2) 工具栏。工具栏提供菜单中常用项目的快速访问。

(3) 过滤器栏。过滤器栏提供一个路径，来直接控制当前所用的显示过滤器。

(4) 包列表窗口。包列表窗口显示当前捕获的全部包的摘要。包列表的每一行对应一个包，不同包有不同的颜色。如果选择了某行，则更详细的信息显示在包协议窗口和包字节数据窗口中。在包列表窗格中的每一行代表捕获的一个包，每个包的摘要信息包括：

① No：包文件中包的编号。

② Time：包的时间戳，即捕获该包的时间，该时间戳的实际格式可以改变。

③ Source：包的源地址。

④ Destination：包的目标地址。

⑤ Protocol：包协议的缩写。

⑥ Length：该数据包的长度。

⑦ Info：包内容的附加信息。

(5) 包协议窗口。包协议窗口以更详细的格式显示从包列表窗口选中的协议和协议字段。包的协议和字段用树型格式显示，可以扩展和收缩。这是一种可用的上下文菜单，单击每行前的"+"就可以展开为以"−"开头的若干行，单击"−"又可以收缩。

(6) 包字节窗口(十六进制数据窗口)。包字节窗口以十六进制形式显示出从包列表窗格中选定的当前包的数据，并以高亮度显示在包协议窗口中选择的字段。在常用的十六进制区内，左边的十六进制数据表示偏移量，中部为相应的十六进制包数据，右边为对应的 ASCII 字符。

(7) 状态栏。状态栏显示当前程序状态和捕获数据的信息。通常其左边显示相关信息的状态，右边显示捕获包的数目及百分比和丢弃包的数目及百分比。

1.1.2　Wireshark 捕获数据包的过程

使用 Wireshark 捕获数据包的一般过程为：

(1) 启动 Wireshark。

(2) 开始分组捕获。单击工具栏的 ◉ 按钮，出现如图 1-4 所示对话框，可以进行系统参数设置。在绝大部分实验中，使用系统的默认设置即可，接口卡默认工作方式为混杂模式。当计算机具有多个网卡时，需选择发送或接收分组的网络接口卡。单击"Start"按钮开始进行分组捕获。

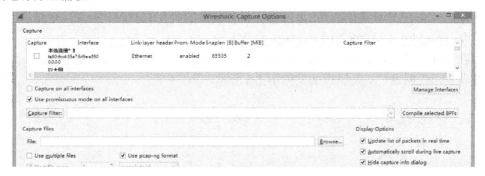

图 1-4　Wireshark 配置界面

(3) 单击捕获对话框中的"Stop"按钮，停止分组捕获。此时，Wireshark 主窗口显示已捕获的局域网内的所有协议报文。

(4) 可以筛选具体的协议。例如，如果要筛选的协议为 http 协议，只需要在协议筛选框中输入"http"，单击"Apply"按钮，分组列表窗口将只显示 HTTP 协议报文。这样就可以捕获所需要的数据包，并可以借助 Wireshark 提供的功能进行具体的网络数据包的分析了。

1.1.3 用 Wireshark 分析协议的一般过程

如前所述，Wireshark 抓包后的界面有三个部分。上部为包列表窗口，显示的是对捕获到的每个数据包进行分析后的总结型信息，包括编号、时间、源地址、目标地址、协议、协议长度、信息。中部为包协议窗口，显示的是数据包的协议信息。在包列表窗口选择不同条目，则包协议窗口的内容随之改变为相应的协议信息。下部为十六进制数据窗口，可以显示报文在物理层的数据形式。

在抓包完成后，可以利用显示过滤器找到感兴趣的包，也可根据协议、是否存在某个域、域值、域值之间的关系来查找感兴趣的包。

1. Wireshark 的显示过滤器

可以使用表 1.1 所示的操作符来构造显示过滤器。

表 1.1　操　作　符

英文名称	运算符	中文名称	应用举例
eq	==	等于	ip.addr==10.1.10.20
ne	!=	不等于	ip.addr!=10.1.10.20
gt	>	大于	frame.pkt_len>10
lt	<	小于	frame.pkt_len<10
ge	>=	大于等于	frame.pkt_len>=10
le	<=	小于等于	frame.pkt_len<=10

也可以使用下面的逻辑操作符将表达式组合起来：

逻辑与 and(&&)：如 ip.addr==10.1.10.20&&tcp.flag.fin；

逻辑或 or(‖)：如 ip.addr==10.1.10.20‖ip.addr==10.10.21.1；

异或 xor(^^)：如 ip.addr==10.1.10.20 xor ip.addr==10.10.21.1；

逻辑非！：如!llc。

例如：捕获 IP 地址是 192.168.2.10 的主机收或发的所有的 HTTP 报文，则显示过滤器 (Filter)为：ip.addr==192.168.2.10 and http。

当在 Filter 中构造显示过滤器时，如果显示绿色背景，说明表达式是正确的；如果显示红色背景，说明表达式是错误的，如图 1-5 所示。

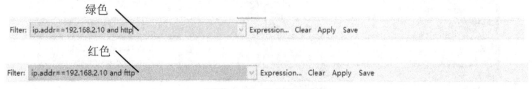

图 1-5　组合过滤器设置

2. 实例分析

下面的分析示例是通过上网查询"Wireshark",然后运行 Wireshark 抓包。

按照 1.1.2 节所叙述抓包过程:单击 Capture→按默认过滤器→Start→抓包若干分钟→Stop,获得图 1-6 的结果。

图 1-6　上网查询抓包结果

由于 Wireshark 已经对抓包结果做了分析,所以通过协议窗口可以获得 IP 协议数据报格式和 TCP 协议报文格式的具体数据。在图 1-6 中,各个窗口都可以用拖拉方法拉大或缩小,可以与十六进制窗口相结合,清楚地看到各个字段的数据。

最初协议窗口显示了协议信息,单击第一条信息,则十六进制窗口中对应的信息变为蓝底白字,如图 1-7 所示。

图 1-7　单击第一条信息 114 432 字节改变颜色

每条信息头部有一个"＋"号，单击"＋"则变为"－"，具体的协议信息即展开并显示在协议窗口内。图 1-8 所示为 IP 协议展开的内容。

由图 1-8 可见，IP 协议源地址为 192.168.1.103，目标地址为 123.125.115.164，版本为 IPV4，报头长度为 20 字节。对应的十六进制数据为 45 00 00 28 2f 60 40 00 40 06 5a 3f c0 a8 01 67 7b 7d 73 a4。协议窗口中还有 3 个带"＋"的信息行，将 Differentiated Services Field(不同的服务字段)、标志行(Flags)和报头校验和行展开，则可以看到具体字段的数据。

图 1-8   单击 IP 协议的展开图

图 1-9 为 TCP 协议的展开图，由图可见源端口号为 52252，对应的十六进制数据为 cc1c，目标端口号为 http(80)，顺序号为 3，确认号为 2，报头长 20 字节，还可以看到保留位和 6 个控制位的设置情况等。

从上面的例子可知 Wireshark 已经对抓包结果做了准确的分析。

图 1-9   TCP 协议的展开图

1.2 以太网链路层帧格式分析实验

1.2.1 以太网简介

IEEE 802 参考模型把数据链路层分为逻辑链路控制子层(Logical Link Control，LLC)和介质访问控制子层(Media Access Control，MAC)。与各种传输介质有关的控制问题都放在 MAC 子层，而与传输介质无关的问题都放在 LLC 子层。因此，局域网对 LLC 子层是透明的，只有具体到 MAC 子层才能发现所连接的是什么标准的局域网。

IEEE 802.3 是一种基带总线局域网，最初是由美国施乐(Xerox)公司于 1975 年研制成功的，并以在历史上表示电磁波传播介质的"以太"来命名。1981 年，施乐公司、数字设备公司(Digital)和英特尔(Intel)联合提出了以太网的规约，1982 年修改为第二版，即 DIX Ethernet V2，该规约是世界上第一个局域网产品的规范，也是后来的 IEEE 802.3 标准的基础。

在 802.3 中使用 1-坚持的 CSMA/CD(Carrier Sense Multiple Access with Collision Detection)协议。现在流行的以太网的 MAC 子层的帧结构有两种标准，一种是 802.3 标准，另一种是 DIX Ethernet V2 标准。图 1-10 画出了两种标准的 MAC 帧结构。它们都由五个字段组成。MAC 帧的前两个字段分别是目的地址字段和源地址字段，长度是 2 或 6 字节。两种标准的主要区别在于第三个字段(2 字节)。在 802.3 标准中，这个字段是长度字段，它指出后面的数据字段的字节数。数据字段就是 LLC 子层交下来的 LLC 帧，其最小长度为 46 字节，最大长度为 1500 字。在 DIX Ethernet V2 标准中，这个字段是类型字段，它指出上层使用的协议类型。第四个字段为数据字段。最后一个字段是一个长度为 4 字节的帧校验序列 FCS，它对前四个字段进行循环冗余(CRC)校验。

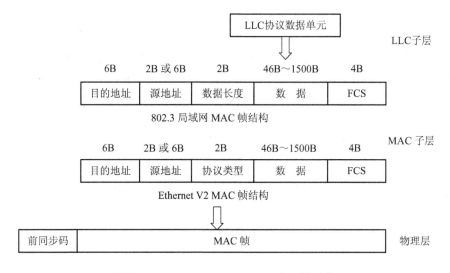

图 1-10 802.3 和 Ethernet V2 MAC 帧结构

为了使发送方和接收方同步，MAC 帧在总线上传输时还需要增加 7 个字节的前同步码字段和 1 个字节的起始定界符(它们是由硬件生成的)。其中，前同步码是 1 和 0 的交替序列，供接收方进行比特同步之用；紧跟在前同步码之后的起始定界符为 10101011，接收方一旦接收到两个连续的 1 后，就知道后面的信息就是 MAC 帧了。需要注意的是：前同步码、起始定界符和 MAC 帧中的 FCS 字段在网卡接收 MAC 帧时已经被取消，因此，在捕获的数据报中看不到这些字段。

本节实验重点分析 Ethernet V2 MAC 帧格式，对 802.3 MAC 帧不作具体讨论。

1.2.2 实验环境与说明

(1) 实验目的。了解 Ethernet V2 标准规定的 MAC 帧结构，初步了解 TCP/IP 的主要协议和协议的层次结构。

(2) 实验设备。实验设备为实验室局域网中任意两台主机 PC1、PC2。

(3) 实验分组。每两人一组，每组各自独立完成实验。

1.2.3 实验步骤

步骤 1：查看实验室 PC1 和 PC2 的 IP 地址并记录。假设 PC1 的 IP 地址为 172.16.1.101/24，PC2 的 IP 地址为 172.16.1.102/24。

步骤 2：在 PC1 和 PC2 上运行 Wireshark 捕获数据包，为了只捕获和实验内容有关的数据包，将 Wireshark 的 Capture Filter 设置为 "No Broadcast and no Multicast"。

步骤 3：在 PC1 的"运行"对话框中输入命令"cmd"，在 Windows 命令行窗口输入"Ping 172.16.1.102"，单击"确定"按钮。

步骤 4：停止截获报文，将结果保存为帧实验–学号–姓名，并对截获的报文进行下列分析。

(1) 列出截获的报文中的协议类型，观察这些协议之间的关系。

(2) 在计算机网络课程学习中，Ethernet V2 规定以太网的 MAC 层的报文格式分为 7 字节的前导符、1 字节的帧首定界、6 字节的目的 MAC 地址、6 字节的源 MAC 地址、2 字节的类型、46～1500 字节的数据字段和 4 字节的帧尾校验字段。分析一个 Ethernet V2 帧，查看这个帧由几部分组成，缺少了哪几部分？为什么？

步骤 5：开启 Messenger 服务。打开"控制面板"，单击"性能和维护"，单击"管理工具"，双击"服务"，单击"Messenger"，然后在"操作"菜单中单击"属性"，将"启动类型"改为"自动"。在 PC1 和 PC2 上运行 Wireshark 截获报文，然后进入 PC1、PC2 的 Windows 命令行窗口，执行如下命令：

　　　　net start messenger

然后进入 PC1 的 Windows 命令行窗口，执行如下命令：

　　　　net send 172.16.1.102 Hello

　　这是 PC1 向 PC2 发送消息的命令，等到 PC2 显示器上显示收到消息后，终止截获报文。

　　找到发送消息的报文并进行分析，查看 Wireshark 主窗口中数据包列表窗口和协议窗口信息，填写表 1.2。

表 1.2　数 据 包 分 析

此数据包类型		
此数据包的基本信息(数据包列表窗口中的 Information 项的内容)		
Ethernet II 协议树中	Source 字段值	
	Destination 字段值	
Internet Protocol 协议树中	Source 字段值	
	Destination 字段值	
User Datagram Protocol 协议树中	Source 字段值	
	Destination 字段值	
应用层协议树	协议名称	
	包含 Hello 的字段值	

　　实验完成后，要求将上述实验步骤中协议分析的结果写到实验报告中。

1.3　ARP 协议分析实验

1.3.1　ARP 协议介绍

　　ARP(Address Resolution Protocol，地址解析协议)，负责实现从 IP 地址到物理地址(如以太网 MAC 地址)的映射。在实际通信中，物理网络使用硬件地址进行报文传输。IP 报文在封装为数据链路层帧进行传送时，IP 地址必须转换为对应的硬件地址，ARP 正是动态地完成这一功能的协议。

1. ARP 协议格式

ARP 协议报文是定长的，其格式如图 1-11 所示，报文中每一字段的含义如下：

硬件类型：表示物理网络的类型，"0X0001"表示以太网；

协议类型：表示网络协议类型，"0X0800"表示 IP 协议；

硬件地址长度：指定源/目的站物理地址的长度，单位为字节；

协议地址长度：指定源/目的站 IP 地址的长度，单位为字节；

操作：指定该报文的类型，"1"为 ARP 请求报文，"2"为 ARP 响应报文；

源站物理/IP 地址：由 ARP 请求者填充；

目的站物理地址：在请求报文中为 0，在响应报文中由发送响应报文的主机填写自己的物理地址；

目的站 IP 地址：由 ARP 请求者填充，指源站想要知道的主机的 IP 地址。只有 IP 地址等于该 IP 地址的主机才向源主机发送相应报文。

0	8	16	31
硬件类型		协议类型	
硬件地址长度	协议地址长度	操作	
源站物理地址(前 4 字节)			
源站物理地址(后 2 字节)		源站 IP 地址(前 2 字节)	
源站 IP 地址(后 2 字节)		目的站物理地址(前 2 字节)	
目的站物理地址(后4字节)			
目的站 IP 地址(4字节)			

图 1-11 ARP 报文格式

2. ARP 的工作方式

在以太网中，每台使用 ARP 协议实现地址解析的主机都在自己的高速缓存中维护着一个地址映射表，这个 ARP 表中存放着最近和它通信的同网络中的计算机的 IP 地址和对应的 MAC 地址。

当两台计算机通信时，源主机首先查看自己的 ARP 表中是否有目的主机的 IP 地址项，若有则使用对应的 MAC 地址直接向目的主机发送信息；否则就向网络中广播一个 ARP 请求报文，当网络中的主机收到该 ARP 请求报文时，首先查看报文中的目的 IP 地址是否与自己的 IP 地址相符，若相符则将请求报文中的源 IP 地址和 MAC 地址写入自己的 ARP 表中，然后创建一个 ARP 响应报文，将自己的 MAC 地址填入该响应报文中，发送给源主机。源主机收到响应报文后，取出目的 IP 地址和 MAC 地址加入到自己的 ARP 表中，并利用获得的目的 MAC 地址向目的主机发送信息。

3. ARP 命令简介

本实验使用 Windows 自带的 ARP 命令，该命令提供了显示和修改地址解析协议所使用的地址映射表的功能。

ARP 命令的格式要求如下：

ARP -s inet_addr ether_addr [if_addr]

ARP -d inet_addr [if_addr]

ARP -a [inet_addr] [-N if_addr]

其中：

-s：在 ARP 缓存中添加表项，将 IP 地址 inet_addr 和物理地址 ether_addr 关联，物理地址由以连字符分隔的 6 个十六进制数给定，使用点分十进制标记指定 IP 地址，添加项是永久性的。

　　-d：删除由 inet_addr 指定的表项。

　　-a：显示当前 ARP 表，如果指定了 inet_addr，则只显示指定计算机的 IP 和物理地址。

　　inet_addr：以点分十进制标记指定 IP 地址。

　　-N：显示由 if_addr 指定的 ARP 表项。

　　if_addr：指定需要选择或修改其地址映射表接口的 IP 地址。

　　ether_addr：指定物理地址。

1.3.2　实验环境与说明

　　(1) 实验目的。分析 ARP 协议的格式，理解 ARP 协议的解析过程。

　　(2) 实验设备。实验设备为实验室局域网中任意两台主机 PC1、PC2。

　　(3) 实验分组。每两人一组，每组各自独立完成实验。

1.3.3　实验步骤

　　步骤 1：查看实验室 PC1 和 PC2 的 IP 地址，并记录。假设 PC1 的 IP 地址为 172.16.1.101/24，PC2 的 IP 地址为 172.16.1.102/24。

　　步骤 2：在 PC1、PC2 两台计算机上执行如下命令，清除 ARP 缓存。

　　　　ARP –d

　　步骤 3：在 PC1、PC2 两台计算机上执行如下命令，查看高速缓存中的 ARP 地址映射表的内容。

　　　　ARP –a

　　步骤 4：在 PC1 和 PC2 上运行 Wireshark 捕获数据包，为了捕获和实验内容有关的数据包，Wireshark 的 Capture Filter 设置为默认方式。

　　步骤 5：在主机 PC1 上执行 Ping 命令向 PC2 发送数据包。

　　步骤 6：执行完毕，保存截获的报文并命名为 arp1-学号-姓名。

　　步骤 7：在 PC1、PC2 两台计算机上再次执行 ARP -a 命令，查看高速缓存中的 ARP 地址映射表的内容。

　　(1) 这次看到的内容和步骤 3 的内容相同吗？结合两次看到的结果，理解 ARP 高速缓存的作用。

---

　　(2) 把这次看到的高速缓存中的 ARP 地址映射表写出来。

步骤 8：重复步骤 4 和 5，将此结果保存为 arp2-学号-姓名。

步骤 9：打开 arp1-学号-姓名，完成以下各题。

(1) 在捕获的数据包中有几个 ARP 数据包？在以太帧中，ARP 协议类型的代码值是什么？

_____

_____

_____

(2) 打开 arp2-学号-姓名，比较两次截获的报文有何区别？分析其原因。

_____

_____

_____

(3) 分析 arp1-学号-姓名中 ARP 报文的结构，完成表 1.3。

表 1.3　ARP 协议分析

ARP 请求报文		ARP 应答报文	
字段	报文信息及参数	字段	报文信息及参数
硬件类型		硬件类型	
协议类型		协议类型	
硬件地址长度		硬件地址长度	
协议地址长度		协议地址长度	
操作		操作	
源站物理地址		源站物理地址	
源站 IP 地址		源站 IP 地址	
目的站物理地址		目的站物理地址	
目的站 IP 地址		目的站 IP 地址	

实验完成后，要求将上述实验步骤中协议分析的结果写到实验报告中。

1.4 IP 协议分析实验

1.4.1 IP 协议介绍

1. IP 协议格式

IP 分组由报头和数据两部分组成，如图 1-12 所示。

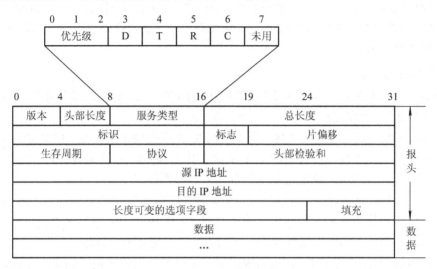

图 1-12 IP 协议格式

主要字段的意义和功能如下：

① 版本：IP 协议的版本。

② 头部长度：IP 分组的头部长度，它以 4 字节为单位。IP 分组长度至少为 20 字节，如果选项部分不是 4 字节的整数倍，则填充 0 补齐。

③ 总长度：整个 IP 分组的长度。

④ 服务类型：规定对数据分组的处理方式。

⑤ 标识：IP 协议赋予数据分组的标志，用于目的主机确定数据分片属于哪个分组。

⑥ 标志：三个比特，其中只有低两位有效，这两位分别表示该数据分组能否分片和该分片是否为源分组的最后一个分片。

⑦ 生存周期：分组在网络中的生存时间。分组每经过一个路由器时，其值减 1，当 TTL 变为 0 时，丢弃该分组，从而防止网络中出现循环数据包。

⑧ 协议：上层协议。

⑨ 头部校验和：只对 IP 报头的头部进行校验，保证头部的完整性。

⑩ 源 IP 地址和目的 IP 地址：分别指发送和接收数据报的主机的 IP 地址。

2. IP 分组的传输过程

在互联网中，若 IP 分组的目的地址不同，经过的路由和投递次数也不同。当一台主机要发送 IP 数据分组时，主机将待发送数据分组的目的地址和自己的子网掩码按位"与"，判断其结果是否与其所在网络的网络地址相同，若相同，则将数据报直接投递给目的主机；否则，将其投递给下一跳路由器。

子网划分的路由器转发分组的过程如下：

① 当路由器收到一个数据分组时，对和该路由器直接相连的网络逐个进行检查，即用目的地址和每个网络的子网掩码按位"与"，其结果若与某网络的网络地址相匹配，则直接投递；否则，执行②。

② 对路由表的每一行，将其中的子网掩码与数据分组的目的地址按位"与"，其结果若与该行的目的网络地址相等，则将该数据分组发往该行的下一跳路由器；否则，执行③。

③ 若路由表中有一个默认路由器，则将数据分组发送给路由表所指定的默认路由器；否则，报告转发出错。

3. IP 地址的编址方法

IP 地址是为每个连接在互联网上的主机分配的可唯一识别的 32 位标识符。IP 地址的编址方法共经历了三个阶段：

① 分类的 IP 地址，这是一种基于分类的两级 IP 地址编址的方法，IP 地址分为网络地址和主机地址两级，分为 A、B、C、D、E 五类，其中 A、B、C 类地址为可分配主机地址，而 D 类地址为组播地址，E 类地址保留以备将来的特殊使用。

② 划分子网的 IP 地址，子网就是将一个 A 类、B 类或 C 类网络分割成许多小的网络，每一个小的网络就称为子网。划分子网采用"网络号"+"子网号"+"主机号"三级编址的方法。在划分了子网的网络地址中，子网掩码用于确定网络地址。

③ 无类域间路由选择 CIDR，这是根据划分子网阶段的问题提出的编址方法。IP 地址采用"网络前缀"+"主机号"的编址方式。目前 CIDR 是应用最广泛的编址方法，它消除了传统的 A、B、C 类地址和划分子网的概念，提高了 IP 地址资源的利用率，并使得路由聚合的实现成为可能。

1.4.2 实验环境与说明

(1) 实验目的。使用 Ping 命令在两台计算机之间发送数据报，用 Wireshark 捕获数据分组，分析 IP 协议的格式，理解 IPV 4 地址的编址方法，加深对 IP 协议的理解。

(2) 实验设备。实验设备为实验室局域网中任意一台主机 PC1。在可以访问外网的情况下，另一台是任意外网地址，实验者可以自取。

(3) 实验分组。每人一组，每组各自独立完成实验。

1.4.3 实验步骤

步骤 1：查看实验室 PC1 和任意外网的 IP 地址，并记录。假设 PC1 的 IP 地址为 172.16.1.101/24，外网的 IP 地址为 113.240.233.146。

步骤 2：在 PC1 上运行 Wireshark 捕获数据包，为了只捕获和实验内容有关的数据包，将 Wireshark 的 Capture Filter 设置为"No Broadcast and no Multicast"。

步骤 3：在 PC1 的"运行"对话框中输入命令"Ping 113.240.233.146"，单击"确定"

按钮，截获 PC1 上 Ping 外网的报文，结果保存为 IP-学号-姓名。

步骤 4：任取一个数据包，分析 IP 协议的格式，完成下列各题。

(1) 分析 IP 分组头的格式，完成表 1.4。

表 1.4　IP 协议格式分析

字段	报文信息	说　明
版本		
头部长度		
服务类型		
总长度		
标识		
标志		
片偏移		
生存周期		
协议		
校验和		
源地址		
目的地址		

(2) 查看该数据报的源 IP 地址和目的 IP 地址，它们分别是哪类地址？体会 IP 地址的编址方法。

实验完成后，要求将上述实验步骤中协议分析的结果写到实验报告中。

1.5　IP 分组分片实验

1.5.1　实验原理

我们已经从前一个实验中看到，IP 分组要交给数据链路层封装后才能发送。理想情况下，每个 IP 分组正好能放在同一个物理帧中发送。但在实际应用中，每种网络技术所支持的最大帧长各不相同。例如：以太网的帧中最多可容纳 1500 字节的数据；FDDI 帧最多可容纳 4470 字节的数据。这个上限被称为物理网络的最大传输单元(Maxium Transfer Unit，MTU)。

TCP/IP 协议在发送 IP 分组时，一般选择一个合适的初始长度。当这个分组要从一个 MTU 大的子网发送到一个 MTU 小的网络时，IP 协议就把这个分组的数据部分分割成能被目的子网所容纳的较小数据分片，组成较小的分组发送。每个较小的分组被称为一个分片(Fragment)。每个分片都有一个 IP 分组头，分片后分组的 IP 分组头和原始 IP 分组头除分片偏移、MF 标志位和校验字段不同外，其他都一样。

重组是分片的逆过程，分片只有到达目的主机时才进行重组。当目的主机收到 IP 分组时，根据其片偏移和 MF 标志位判断其是否为一个分片。若 MF 为 0，片偏移为 0，则表明它是一个完整的分组；否则，表明它是一个分片。当一个报文的全部分片都到达目的主机时，IP 协议根据分组头中的标识符和片偏移将它们重新组成一个完整的分组交给上层协议处理。

1.5.2　实验环境与说明

(1) 实验目的。使用 Ping 命令在两台计算机之间发送大于 MTU 的数据报，验证分片过程，加深对 IP 协议分片与重组原理的理解。

(2) 实验设备。实验设备为实验室局域网中任意一台主机 PC1，另一台为校园网的 WWW 服务器。在可以访问外网的情况下，也可以是任意外网地址，实验者可以自取。

(3) 实验分组。每人一组，每组各自独立完成实验。

1.5.3　实验步骤

步骤 1：查看实验室 PC1 和校园网 WWW 服务器的 IP 地址，并记录。假设 PC1 的 IP 地址为 172.16.1.101/24，WWW 服务器的 IP 地址为 113.240.233.146。

步骤 2：在 PC1 上运行 Wireshark 捕获数据包，为了只捕获和实验有关的数据包，设置 Wireshark 的捕获条件为对方主机的 IP 地址即 113.240.233.146，开始捕获数据包。

步骤 3：在 PC1 上执行如下 Ping 命令，向 WWW 服务器发送 4500B 的数据报文：

　　　　Ping 113.240.233.146 –l 4500 –n 2

步骤 4：停止捕获报文，结果保存为 IP 分片-学号-姓名，分析捕获的报文，回答下列问题。

(1) 以太网的 MTU 是多少？

_____

(2) 对捕获的报文分析，将属于同一 ICMP 请求报文的分片找出来，主机 PC1 向 WWW 服务器发送的 ICMP 请求报文分成了几个分片？

_____

(3) 若要让主机 PC1 向 WWW 服务器发送的数据分为 3 个分片，则 Ping 命令中的报文长度应为多大？为什么？

_____

_____

_____

(4) 将第二个 ICMP 请求报文的分片信息填入表 1.5。

表 1.5　ICMP 请求报文分片信息

分片序号	标识(Identification)	标志(Flag)	片偏移(Fragment Offset)	数据长度

实验完成后，要求将上述实验步骤中协议分析的结果写到实验报告中。

1.6　ICMP 协议分析实验

1.6.1　ICMP 协议介绍

ICMP(Internet Control Message Protocol，因特网控制报文协议)，是因特网的标准协议。ICMP 允许路由器或主机报告差错情况和提供有关信息，用以调试、监视网络。

当 IP 数据报传输出错或遇到异常情况时，发现差错的路由器或目的主机会调用 ICMP 向源主机报告差错，而 ICMP 差错报告报文又是通过 IP 数据报发送到源主机的。ICMP 报文格式如图 1-13 所示。ICMP 允许主机或路由器向网络中指定的目的主机或路由器发出询问，以实现对网络故障的诊断与控制。ICMP 询问报文也是通过 IP 数据报由源节点发送到目的节点的，目的节点收到询问报文后会给出相应的 ICMP 回答报文，由 IP 数据报传回源节点。

1.　ICMP 的报文格式

图 1-13 给出了 ICMP 报文的一般格式。其中，前 4 个字节是统一格式，第 1 个字节为报文类型，指出该报文的类型；第 2 个字节为代码，用于进一步区分某种类型中的几种不同情况；第 3、4 个字节为报文的校验和，用来检验整个 ICMP 报文，其计算方法为网际校验和算法；接着的四个字节的内容与 ICMP 的类型有关。最后面是数据字段，其长度取决于 ICMP 的类型，最大长度为 64 K。

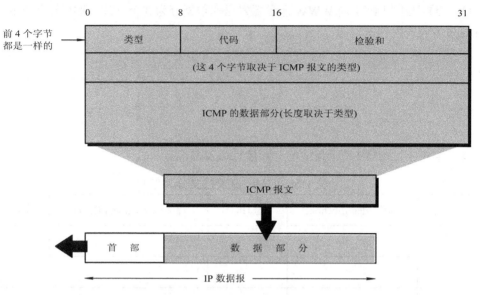

图 1-13 ICMP 报文的格式

图 1-14 描述了 ICMP 的回送请求和应答报文格式。其中：

类型：一个字节，表示 ICMP 消息的类型，内容参见表 1.6 中类型值。

代码：一个字节，用于进一步区分某种类型的几种不同情况。

校验和：两个字节，提供对整个 ICMP 报文的校验和。

图 1-14 ICMP 回送请求和应答报文格式

2. ICMP 的报文类型

ICMP 报文的种类可以分为 ICMP 差错报告报文和 ICMP 询问报文两种，表 1.6 给出了目前常用的 ICMP 报文类型。

表 1.6 常用的 ICMP 报文类型

ICMP 报文种类	ICMP 报文类型	类型的值	ICMP 报文种类	ICMP 报文类型	类型的值
差错报告报文	目的站点不可达	3	询问报文	回送请求	8
	源站点抑制	4		回送应答	0
	超时	11		时间戳请求	13
	参数问题	12		时间戳应答	14
	路由重定向	5		地址掩码请求	17
				地址掩码应答	18
				路由询问	10
				路由通告	9

差错报告报文主要有目的站点不可达、源站点抑制、超时、参数问题和路由重定向 5 种；ICMP 询问报文有回送请求和应答、时间戳请求和应答、地址掩码请求和应答以及路由询问和通告 4 种。

3. ICMP 常见的消息类型

下面介绍几种常见的 ICMP 消息类型。

① 目的站点不可达。产生"目的站点不可达"的原因有多种。在路由器不知道如何到达目的网络、数据报指定的源路由不稳定、路由器必须将一个设置了不可分片标志的数据报分片等情况下，路由器都会返回此消息。如果由于指明的协议模块或进程端口未被激活而导致目的主机的 IP 不能传送数据报，这时目的主机也会向源主机发送"目的站点不可达"的消息。

为了进一步区分同一类型信息中的几种不同情况，在 ICMP 报文格式中引入了代码字段，该类型常见信息代码及其意义如表 1.7 所示。

表 1.7　ICMP 类型 3 的常见代码

代　码	描　　述	处　　理
0	网络不可达	无路由到达主机
1	主机不可达	无路由到达主机
2	协议不可用	连接被拒绝
3	端口不可达	连接被拒绝
4	需分片但 DF 值为 0	报文太长
5	源路由失败	无路由到达主机

② 源站点抑制。此消息类型提供了流控制的一种基本形式。当数据报到达得太快，路由器或主机来不及处理时，这些数据报就必须被丢弃。丢弃数据报的主机就会发一条"源站点抑制"的 ICMP 报文。"源站点抑制"消息的接收者就会降低向该消息发送站点发送数据报的速度。

③ 回送请求和回送应答。这两种 ICMP 消息提供了一种用于确定两台计算机之间是否可以进行通信的机制。当一个主机或路由器向一个特定的目的主机发出 ICMP 回送请求报文时，该报文的接收者应当向源主机发送 ICMP 回送应答报文。

④ 时间戳请求和时间戳应答。这两种消息提供了一种对网络延迟进行取样的机制。时间戳请求的发送者在其报文的信息字段中写入发送消息的时间。接收者在发送时间戳之后添加一个接收时间戳，并作为时间戳应答消息报文返回。

⑤ 超时报告。当一个数据报的 TTL 值达到 0 时，路由器将会给源主机发送超时报文。

1.6.2　基于 ICMP 的应用程序

目前网络中常用的基于 ICMP 的应用程序主要有 Ping 命令和 Tracert 命令。

1. Ping 命令

Ping 命令是调试网络常用的工具之一。它通过发出 ICMP Echo 请求报文并监听其回应，来检测网络的连通性。

Ping 命令只有在安装了 TCP/IP 协议之后才可以使用，其命令格式如下：

  Ping [-t] [-a] [-n count] [-l length] [-f] [-i TTL] [-v TOS] [-r count] [-s count]

[-j host-list] | [-k host-list]] [-w timeout] destination-list

这里对实验中可能用到的参数解释如下：

-t ：用户所在主机不断向目标主机发送回送请求报文，直到用户中断；

-n count：指定要 Ping 多少次，具体次数由后面的 count 来指定，缺省值为 4；

-l length：指定发送到目标主机的数据包的大小，默认为 32 字节，最大值是 65 527；

-w timeout：指定超时间隔，单位为毫秒；

destination-list：指定要 Ping 的远程计算机。

2. Tracert 命令

Traceroute 命令用来获得从本地计算机到目的主机的路径信息。在 Windows 中该命令为 Tracert，而 UNIX 系统中为 Traceroute。本实验以 Tracert 为例。

Tracert 先发送 TTL 为 1 的回显请求报文，并在随后的每次发送过程中将 TTL 递增 1，直到目标响应或 TTL 达到最大值，从而确定路由。

Tracert 命令同样要在安装了 TCP/IP 协议之后才可以使用，其命令格式为：

  Tracert [-d] [-h maximum_hops] [-j computer-list] [-w timeout] target_name

参数含义为：

-d：不将地址解析成主机的名；

-h：指定搜索到目标地址的最大跳跃数；

-j：与主机列表一起的松散源路由；

-w：指定超时时间间隔，时间单位是毫秒。

1.6.3　实验环境与说明

(1) 实验目的。掌握 Ping 和 Tracert 命令的使用方法，了解 ICMP 协议报文类型及其作用。执行 Ping 和 Tracert 命令，分别捕获报文，分析捕获的 ICMP 报文类型和 ICMP 报文格式，理解 ICMP 协议的作用。

(2) 实验设备。在可以访问外网的情况下，实验设备为实验室局域网中任意一台主机 PC1，另一台为任意外网地址，比如新浪的 IP 地址，实验者可以自取。

(3) 实验分组。每人一组，每组各自独立完成实验。

1.6.4　实验步骤

步骤 1：查看实验室 PC1 和 WWW 服务器的 IP 地址，并记录。假设 PC1 的 IP 地址为 172.16.1.101/24，新浪的 IP 地址为 202.108.33.60。

步骤 2：在 PC1 上运行 Wireshark 捕获数据包，为了只捕获和实验有关的数据包，将 Wireshark 的 Capture Filter 设置为 "No Broadcast and no Multicast"，开始捕获数据包。

步骤 3：在 PC1 上以新浪的 IP 地址为目标主机，在命令行窗口执行 Ping 命令。请写出执行的命令：＿＿＿＿＿＿＿＿＿＿＿＿＿＿＿＿＿＿＿＿＿＿＿

步骤 4：停止捕获报文，将捕获的结果保存为 ICMP1-学号-姓名，分析捕获的结果，回答下列问题。

(1) 总共捕获了几个 ICMP 报文？分别属于哪种类型？

_____

(2) 分析捕获的 ICMP 报文，查看表 1.8 中要求的字段值，填入表中。

表 1.8　ICMP 报文分析

报文号	源 IP	目标 IP	ICMP 报文格式			
			类型	代码	标识	序列号

(3) 分析在表 1.8 中哪个字段保证了回送请求报文和回送应答报文的一一对应，仔细体会 Ping 命令的作用。

_____

_____

_____

步骤 5：在 PC1 上运行 Wireshark 开始捕获报文。

步骤 6：在 PC1 上执行 Tracert 命令，向一个本网络中不存在的主机发送数据报，如：Tracert 172.33.20.111。

步骤 7：停止捕获报文，将捕获的结果保存为 ICMP2-学号-姓名，分析捕获的报文，回答下列问题。

(1) 捕获了报文中哪几种 ICMP 报文？其类型码和代码各为多少？

_____

_____

(2) 在捕获的报文中，超时报告报文的源地址是多少？这个源地址指定设备和 PC1 有何关系？

_____

_____

(3) 通过对两次截获的 ICMP 报文进行综合分析，仔细体会 ICMP 协议在网络中的作用。

_____

_____

实验完成后，要求将上述实验步骤中协议分析的结果写到实验报告中。

1.7 UDP 协议分析实验

1.7.1 UDP 协议介绍

UDP(User Datagram Protocol，用户数据报协议)提供无连接的数据报文传输，不能保证数据可靠到达目的地。

UDP 数据传输不需要预先建立连接，传输过程中没有报文确认信息。UDP 数据报也是由首部和数据两部分组成的，其首部只有源端口、目的端口、消息长度和校验和四部分。在 TCP/IP 体系中，使用 UDP 协议的应用有 DNS 和 TFTP(Trivial File Transfer Protocol)。TFTP 是一个传输文件的简单协议，它是基于 UDP 协议的，只能从文件服务器上获得或写入文件，不能列出目录，不进行认证。

1.7.2 实验工具软件简介

1. Cisco TFTP Server 软件

Cisco TFTP Server 是 CISCO 公司推出的 TFTP 服务器，常用于 CISCO 路由器的 IOS 升级与备份工作，也可用于建立个人 TFTP 服务器，进行文件传输。

Cisco TFTP Server 的安装和配置都很简单，在默认方式下，TFTP 服务器软件被放置在硬盘的 Cisco TFTP Server 文件夹下。启动服务器软件，可以看到图 1-15 所示主界面。

图 1-15 Cisco TFTP Server 主界面

实验中只需选择窗口菜单"查看"→"选项"，打开图 1-16 所示对话框，设置 TFTP 服务器根目录就可以完成 TFTP 服务器的配置。

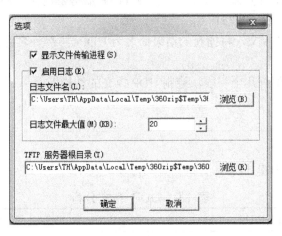

图 1-16 Cisco TFTP Server 配置对话框

2. TFTP 客户端命令

实验中，为了与 TFTP 服务器连通，可以使用 Windows 命令行模式下的 TFTP 客户端命令，命令格式如下：

TFTP [-i] host [GET | PUT] source [destination]

参数说明如下：

-i：以二进制方式传输；

host：指定本地或远程主机；

GET：下载文件；

PUT：上传文件；

source：指定要传输的文件名；

destination：指定传输的目的路径。

1.7.3 实验环境与说明

(1) 实验目的。分析 UDP 报文格式，学习 TFTP 服务器的配置和使用。

(2) 实验设备。实验设备为实验室局域网中任意两台主机 PC1、PC2。

(3) 实验分组。每两人一组，每组各自独立完成实验。

1.7.4 实验步骤

步骤 1：查看实验室 PC1 和 PC2 的 IP 地址，并记录。假设 PC1 的 IP 地址为 172.16.1.101/24，PC2 的 IP 地址为 172.16.1.102/24。

步骤 2：按照上面 Cisco TFTP Server 软件的配置方法在 PC1 上建立 TFTP 服务器，在根目录下保存一个用于数据传输的文件(为便于观察，文件不要太大)，例如 f1.txt。

步骤 3：在 PC1 和 PC2 中运行 Wireshark，开始捕获报文，为了只捕获到与实验有关的内容，将捕获条件设置为对方主机的 IP 地址，如 PC1 的截获条件为"host 172.16.1.102"，PC2 的截获条件为"host 172.16.1.101"。

步骤 4：在 PC2 上打开命令行窗口，接收 TFTP 服务器的文件，执行如下操作：

TFTP –i 172.16.1.101 GET f1.txt。

步骤 5：停止捕获报文，将捕获的结果命名为 UDP-学号-姓名并保存，分析 UDP 报文结构，回答如下问题。

(1) UDP 报文头部有几个字段，绘制 UDP 报文的结构图。

(2) 选择第一个 UDP 报文，分析其结构，填写表 1.9。

表 1.9 UDP 报文分析

IP 报文	源 IP 地址			协议	
	目的 IP 地址			总长度	
UDP 报文	字段名	字段长度	字段值	字段表达信息	

实验完成后，要求将上述实验步骤中协议分析的结果写到实验报告中。

1.8　TCP 协议分析实验

1.8.1　TCP 协议介绍

TCP(Transmission Control Protocal，传输控制协议)，提供面向连接的可靠的传输服务。在 TCP/IP 体系中，应用层的 HTTP、FTP、SMTP 等协议都是基于 TCP 设计的。

1. TCP 报文格式

TCP 报文分为首部和数据两个部分。如图 1-17 所示，TCP 报文段首部的前 20 字节是固定的，后面有 4×n 字节是可选项。其中：

0									16	31
源端口									目的端口	
序号										
确认序号										
数据偏移	保留		U R G	A C K	P S H	R S T	S Y N	F I N	窗　口	
校验和									紧急指针	
选项和填充										
数据部分										

图 1-17　TCP 报文段格式

(1) 源端口和目的端口：各 2 字节，用于区分源端和目的端的多个应用程序。

(2) 序号：4 字节，指本报文段所发送的数据的第一字节的编号。

(3) 确认序号：4 字节，是期望下次接收的数据的第一字节的编号，表示该编号以前的数据已安全接收。

(4) 数据偏移：4 位，指数据开始部分距报文段开始的距离，即报文段首部的长度，以 32bit 为单位。

(5) 标志字段：共有六个标志位，它们分别是：

① 紧急位 URG，为 1 时，表明该报文要尽快传送，紧急指针启用。

② 确认位 ACK，为 1 时，确认号字段才有效；为 0 时表示报文中不包含确认信息，忽略确认号字段。

③ 推送位 PSH，为 1 时，表示请求接收端的 TCP 将本报文段立即传送到其应用层，而不是等到整个缓存都填满后才向上传递。

④ 复位位 RST，为 1 时，表明出现了严重差错，必须释放连接，然后再重建连接。

⑤ 同步位 SYN，为 1 时，表明该报文段是一个连接请求或连接响应报文。

⑥ 终止位 FIN，为 1 时，表明要发送的字符串已经发送完毕，并要求释放连接。

(6) 窗口：2 字节，指该报文段发送者的接收窗口的大小，单位为字节。

（7）校验和：2字节，对报文的首部和数据部分进行校验。

（8）紧急指针：2字节，指明本报文段中紧急数据的最后一个字节的序号，和紧急位URG配合使用。

（9）选项和填充：长度可变，若该字段长度不够四字节，用0填充补齐。

2. TCP 连接的建立

TCP 连接的建立采用"三次握手"的方法。一般情况下，双方连接的建立由其中一方发起。如图 1-18(a)所示。

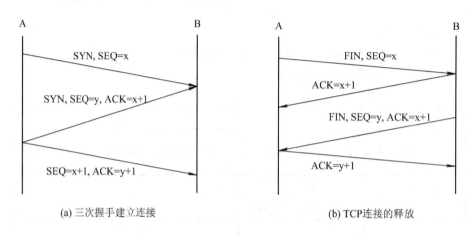

图 1-18 TCP 的连接和释放

（1）主机 A 首先向主机 B 发出连接请求报文段，其首部的 SYN 同步位为 1，同时选择一个序号 x。

（2）主机 B 收到此连接请求报文后，若同意建立连接，则向主机 A 发连接响应报文段。在响应报文段中，SYN 同步位为 1，确认序号为 x+1，同时也为自己选择一个序列号 y。

（3）主机 A 收到此确认报文后，也向主机 B 确认，这时，序号为 x+1，确认序号为 y+1。当连接建立后，A、B 主机就可以利用 TCP 进行数据传输了。

3. TCP 连接的释放

在数据传输结束后，任何一方都可以发出释放连接的请求，释放连接采用所谓的"四次握手"方法。如图 1-18(b)所示，假如主机 A 首先向主机 B 提出释放连接的请求，其过程如下：

（1）主机 A 向主机 B 发送释放连接的报文段，其中，FIN 终止位为 1，序号 x 等于前面已经发送数据的最后一个字节的序号加 1。

（2）主机 B 对释放连接请求进行确认，其序号等于 x + 1。这时从 A 到 B 的连接已经释放，连接处于半关闭状态，以后主机 B 不再接收主机 A 的数据。但主机 B 还可以向主机 A 发送数据，主机 A 在收到主机 B 的数据时仍然向主机 B 发送确认信息。

（3）当主机 B 不再向主机 A 发送数据时，主机 B 也向主机 A 发释放连接的请求。

（4）同样主机 A 收到该报文段后也向主机 B 发送连接释放确认。

4. TCP 数据传输

TCP 可以通过检验序号和确认号来判断丢失、重复的报文段，从而保证传输的可靠性。

TCP 将要传送的报文看成是由一个个字节组成的数据流，对每个字节编一个序号。在建立连接时，双方商定初始序号(即连接请求报文段中的 SEQ 值)。TCP 将每次所传送的第一个字节的序号放在 TCP 首部的序号字段中，接收方的 TCP 对收到每个报文段进行确认，在其确认报文中的确认号字段的值表示其希望接收的下一个报文段的第一个数据字节的序号。由于 TCP 能提供全双工通信，因此，通信中的每一方不必专门发送确认报文段，而可以在发送数据时，捎带传送确认信息，以此来提高传输效率。

1.8.2 实验工具软件简介

3CDaemon 是 3Com 公司推出的功能强大的集 FTP Server、TFTP Server、Syslog Server 和 TFTP Client 于一体的集成工具，界面简单，使用方便。本节主要介绍实验中需要用到的 FTP Server 功能。3CDaemon 的主界面如图 1-19 所示，左窗格第二项为 FTP Server。

图 1-19 3CDaemon 主界面

配置 FTP Server 功能：选中左窗格功能窗口，打开"FTP Server"按钮，单击窗格中的"Configure FTP Server"按钮，打开 3CDaemon Configuration 配置窗口，如图 1-20 所示，配置 FTP Server 功能。需要设置的是"Upload/Download"路径，作为 FTP Server 的文件夹，其他选项可以使用系统缺省设置。设置完成后，单击确认按钮，设置生效。

在实验中，使用 3CDaemon 系统内置的匿名帐户"anonymous"登录 FTP 服务器，客户端使用微软 FTP 客户端命令，关于 FTP 命令的说明可以参见本章 1.9 FTP 协议分析一节的实验工具软件介绍。

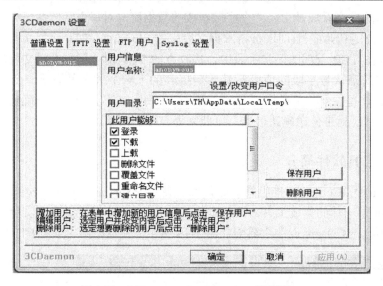

图 1-20　3CDaemon Configuration　配置窗口

1.8.3　实验环境与说明

(1) 实验目的。分析 TCP 报文格式，理解 TCP 的连接建立和连接释放的过程，同时学习 3CDaemon FTP 服务器的配置和使用。

(2) 实验设备。实验设备为实验室局域网中任意两台主机 PC1、PC2。

(3) 实验分组。每两人一组，每组各自独立完成实验。

1.8.4　实验步骤

步骤 1：查看实验室 PC1 和 PC2 的 IP 地址，并记录。假设 PC1 的 IP 地址为 172.16.1.101/24，PC2 的 IP 地址为 172.16.1.102/24。

步骤 2：按照上面 3CDaemon 软件的介绍方法在 PC1 上建立 FTP 服务器。

步骤 3：在 PC1 和 PC2 中运行 Wireshark，开始捕获报文，为了只捕获到与实验有关的内容，将捕获条件设置为对方主机的 IP 地址，如 PC1 的截获条件为"host 172.16.1.102"，PC2 的截获条件为"host 172.16.1.101"。

步骤 4：在 PC2 上打开命令行窗口，执行如下操作：

C:\Documents and Settings\Administrator>ftp

ftp> open

To 172.16.1.101

Connected to 172.16.1.101

220 3Com 3CDaemon FTP Server Version 2.0

User (172.16.1.101:(none)): anonymous

331 User name ok, need password

Password:

230-The response '' is not valid.

230-Next time, please use your email address as password.

230 User logged in

ftp> quit

221 Service closing control connection

C:\Documents and Settings\Administrator>

步骤 5：停止捕获报文，将捕获的结果保存为 TCP-学号-姓名，按下列要求分析捕获的数据包。

(1) 结合本节 TCP 协议介绍部分的内容，分析 TCP 连接建立的"三次握手"过程，找到对应的报文，填写表 1.10(传输方向填写 PC2=>PC1 或 PC2<=PC1)。

表 1.10　TCP 连接建立报文分析

报文号	传输方向	源端口	目的端口	序　号	确认序号	同步位 SYN	确认位 ACK

(2) 从 TCP-学号-姓名的报文中的第一个 FIN=1 的 TCP 报文开始分析 TCP 连接释放的"四次握手"过程，填写表 1.11。

表 1.11　TCP 连接释放报文分析

报文号	传输方向	源端口	目的端口	序　号	确认序号	终止位 FIN	同步位 SYN	确认位 ACK

(3) UDP 报文与 TCP 报文有何不同？体会 UDP 协议和 TCP 协议的区别。

实验完成后，要求将上述实验步骤中协议分析的结果写到实验报告中。

1.9 FTP 协议分析实验

1.9.1 FTP 协议简介

FTP(File Transfer Protocol，文件传输协议)是基于 TCP 协议设计的，它通过两个 TCP 连接来传输一个文件，一个是控制连接，另一个是数据连接。相应的，在进行文件传输时，FTP 需要两个端口，控制连接端口即用于给服务器发送指令以及等待服务器响应；数据传输端口即在客户机和服务器之间发送数据即一个文件或目录列表。

两种连接的建立都要经过一个"三次握手"的过程，同样，连接释放也要采用"四次握手"方法。控制连接在整个会话期间一直保持打开状态。数据连接是临时建立的，在文件传送结束后被关闭。

相对于服务器而言，FTP 的连接模式有两种：PORT 和 PASV。PORT 模式是一个主动模式，PASV 是被动模式。

当 FTP 客户以 PORT 模式连接服务器时，首先动态地选择一个端口号连接服务器的 21 端口，经过 TCP 的三次握手后，控制连接被建立。这时客户就可以利用这个连接向服务器发送指令和等待服务器的响应了。当需要从或向服务器传送数据时，客户会发出 PORT 指令告诉服务器用自己的哪个端口来建立一条数据连接(这个命令由控制连接发送给服务器)，当服务器接到这一指令时，会使用 20 端口连接客户指定的端口号，用以传送数据。

当 FTP 客户以 PASV 模式连接服务器时，控制连接的建立过程与 PORT 模式相同，不同的是在数据传送时，客户不向服务器发送 PORT 指令而是发送 PASV 指令告诉服务器自己要连接服务器的某一个端口，如果这个服务器上的这个端口是空闲的、可用的，那么服务器会返回 ACK 的确认信息，此后，数据连接被建立并返回客户机所要的信息；如果服务器的这个端口被另一个资源所使用，那么服务器返回 UNACK 的信息，FTP 客户会再次发送 PASV 命令，这也就是所谓的连接建立的协商过程。需要强调的是微软自带的 FTP 客户端命令不支持 PASV 模式。

1.9.2 实验工具软件简介

1. 微软 FTP 客户端命令

实验中，使用 Windows 自带的 FTP 命令和 IE 浏览器来作为 FTP 的客户端。下面简单的介绍一下常用 FTP 客户端命令。

FTP 的命令格式：

ftp [-v] [-d] [-i] [-n] [-g] [-w: windowsize] [主机名/IP 地址]

其中：

-v：不显示远程服务器的所有响应信息；

-n：限制 ftp 的自动登录；

-i：在多个文件传输期间关闭交互提示；

-d：允许调试、显示客户机和服务器之间传递的全部 ftp 命令；

-g：不允许使用文件名通配符；

-w：window size 忽略默认的 4096 传输缓冲区。

使用 FTP 命令登录远程 FTP 服务器后进入 FTP 子环境，在这个子环境下，用户可以使用 FTP 的内部命令完成相应的文件传输操作。

FTP 常用内部命令如下：

open host[port]：建立指定 ftp 服务器连接，可指定连接端口。

user user-name[password][account]：向远程主机表明身份，需要口令时必须输入。

append local-file[remote-file]：将本地文件追加到远程系统主机，若未指定远程系统文件名，则使用本地文件名。

cd remote-dir：进入远程主机目录。

cdup：进入远程主机目录的父目录。

cd [dir]：将本地工作目录切换至 dir。

dir [remote-dir][local-file]：显示远程主机目录，并将结果存入本地文件。

get remote-file[local-file]：将远程主机的文件 remote-file 传至本地硬盘的 local-file。

ls [remote-dir][local-file]：显示远程目录 remote-dir，并存入本地文件 local-file。

put local-file [remote-file]：将本地文件 local-file 传送至远程主机。

mput local-file：将多个文件传输至远程主机。

nlist [remote-dir][local-file]：显示远程主机目录的文件清单，存入本地硬盘 local-file。

bye 或 quit：退出 ftp 会话过程。

2. Serv-U 软件

Serv-U 是一种被广泛运用的 FTP 服务器端软件，支持 9x/ME/NT/2K 等全 Windows 系列。用户通过它用 FTP 协议能在 Internet 上共享文件。它设置简单、功能强大、性能稳定。此外，Serv-U 并不是简单地提供文件的下载，还为用户的系统安全提供了相当全面的保护。

实验中，使用 Serv-U FTP Server 6.2.0.1 汉化版软件作为 FTP 服务器。客户端使用微软 FTP 客户端命令。

1.9.3　实验环境与说明

(1) 实验目的。分析 FTP 报文格式和 FTP 协议的工作过程，同时学习 Serv-U FTP Server 服务软件的基本配置和 FTP 客户端命令的使用。

(2) 实验设备。实验设备为实验室局域网中任意两台主机 PC1、PC2。

(3) 实验分组。每两人一组，每组各自独立完成实验。

1.9.4　实验步骤

步骤 1：查看实验室 PC1 和 PC2 的 IP 地址，并记录。假设 PC1 的 IP 地址为 10.28.23.141/24，PC2 的 IP 地址为 10.28.23.142/24。

步骤 2：在 PC1 上安装 Serv-U FTP Server，启动后出现图 1-21 所示 Serv-U FTP Server 主界面。

图 1-21　Serv-U FTP Server 主界面

点击新建域，打开添加新建域向导，完成如下操作。

添加域名：test.com；设置域端口号：21(默认)；添加域 IP 地址：10.28.23.141；设置密码加密模式：无加密，完成后界面如图 1-22 所示。

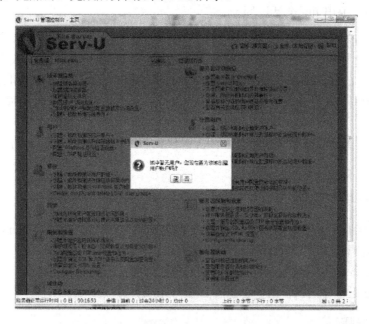

图 1-22　Serv-U FTP Server 域设置界面

完成上述操作后，还需要创建用于实验的用户帐号。点击图 1-22 中浮动窗口中的"是"按钮，打开添加新建用户向导，添加用户名：test1；添加密码：123；设置用户根目录(登录文件夹)；设置是否将用户锁定于根目录：是(默认)；访问权限：只读访问，完成后界面如图 1-23 所示。

图 1-23　Serv-U FTP Server 用户设置界面

　　新建的用户只有文件读取和目录列表的权限，为完成实验内容，还需要为新建的用户设置目录访问权限，方法为点击导航→目录→目录访问界面，然后点击"添加"按钮，按照图 1-24 所示进行配置。

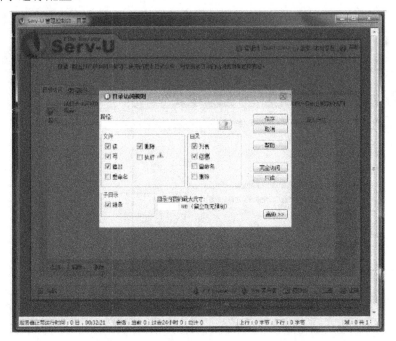

图 1-24　用户目录访问设置界面

　　FTP 服务器的配置就此完成，对 Serv-U FTP Server 的其他功能有兴趣的话可以参考相关帮助文档。

步骤 3：在 PC1 和 PC2 上运行 Wireshark，开始捕获报文。

步骤 4：在 PC2 命令行窗口中登录 FTP 服务器，根据步骤 2 中的配置信息输入用户名和口令，参考命令如下：

C:\ >ftp

ftp> open

To 10.28.23.141   //登录 ftp 服务器

Connected to 10.28.23.141

220 Serv-U FTP Server v6.2 for WinSock ready...

User(none): test1   //输入用户名

331 User name okay, need password.

Password:123   //输入用户密码

230 User logged in, proceed.   //通过认证，登录成功

ftp> quit   //退出 FTP

221 Goodbye!

步骤 5：停止捕获报文，将捕获的报文保存为 FTP1-学号-姓名。

步骤 6：同步骤 2 中的添加用户名方法一样，再次建立一个新用户 test2，让其具有添加目录及文件的权利。然后在 PC1 和 PC2 上再次运行 Wireshark，开始捕获报文。

步骤 7：在 PC2 上打开 IE 浏览器窗口，地址栏输入 ftp:// 10.28.23.141/，由于未启用匿名帐户，连接断开并提示图 1-25 所示对话框。

图 1-25　登录 FTP 错误

此时，在图 1-26 所示登录对话框中输入用户名和密码，登录 FTP 服务器。

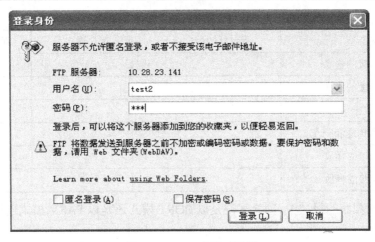

图 1-26　FTP 登录对话框

步骤 8：在浏览器显示的用户目录下创建一个名为 ftp-学号-姓名的文件夹，并将本地的一个文本文件 f1.txt 粘贴到新建文件夹下，停止捕获报文，将捕获的报文保存为 FTP2-学号-姓名。分析两次捕获的报文，回答如下问题。

(1) 对 FTP1-学号-姓名进行分析，找到 TCP 三次握手后第一个 FTP 报文，分析并填写表 1.12。

表 1.12　FTP 报文格式分析

源 IP 地址		源端口	
目标 IP 地址		目标端口	
FTP 字段	字段值		字段所表达的信息
Response Code			
Response Arg			

(2) 在 FTP1-学号-姓名中找出 FTP 指令传送和响应的报文，填写表 1.13。

表 1.13　FTP 指令和响应过程分析

过程	指令/响应	报文号	报文信息
User	Request		
	Response		
Password	Request		
	Response		
Quit	Request		
	Response		

(3) 对第二次截获的报文进行综合分析，观察 FTP 协议的工作过程。特别观察两种连接的建立过程和释放过程，以及这两种连接建立和释放的先后顺序，将结果填入表 1.14。

表 1.14　FTP 传送过程中的报文

文类型	所包括的报文序号	客户端口号	服务器端口
控制连接的建立			
数据连接的建立			
FTP 数据传送			
FTP 指令传送和响应			
数据连接的释放			
控制连接的释放			

(4) 第二次截获的报文中,FTP 客户是以 PORT 模式还是以 PASV 模式连接服务器？你是如何判断的？

_____

_____

(5) FTP 中的匿名帐户是_____。

实验完成后，要求将上述实验步骤中协议分析的结果写到实验报告中。

1.10　DNS 协议分析实验

1.10.1　DNS 协议简介

DNS(Domain Name System，域名系统)，是一种分层次的、基于域的命名方案，主要用来将主机域名映射成 IP 地址。当用户在应用程序中输入 DNS 名称时，DNS 通过一个分布式数据库系统将用户的名称解析为与此名称相对应的 IP 地址。

1. 域名服务器和域名解析

在互联网中，DNS 是通过域名服务器实现的。域名服务器构成对应的层次结构，每个域名服务器保存着它所管辖区域内的主机的名字和 IP 地址的对照表。域名服务器是域名解析的核心，域名解析有两种：递归解析和迭代解析。

2. 域名解析

递归解析就是本地域名服务器系统一次性地完成域名到 IP 地址的转换，即使它没有所要查询的域名信息，也会查询别的域名服务器。迭代解析则是当本地域名服务器中没有被查询的主机域名的信息时，它就会将一个可能有该域名信息的 DNS 服务器的地址返回给请求域名解析的 DNS 客户，DNS 客户再向指定的 DNS 服务器查询。

在实际应用中通常是将两种解析方式结合起来进行域名解析。当本地域名服务器没有所要查询的域名信息时，就请求根域名服务器，根域名服务器将有可能查到该域名信息的域名服务器地址返回给要求域名解析的本地域名服务器，本地域名服务器再到指定的域名服务器上查询，如果指定域名服务器上还没有该域名信息，再将它的子域名服务器的 IP 地址返回给要求域名解析的本地域名服务器，这样直到查询到待解析的域名的 IP 地址为止(没有注册的主机域名除外)，本地域名服务器再将查询结果返回给 DNS 客户，完成域名解析。

3. DNS 高速缓存

每个域名服务器都维护着一个高速缓存，存放最近用到过的域名信息和此记录的来源。当客户请求域名解析时，域名服务器首先检查它是否被授权管理该域名，若未被授权，则查看自己的高速缓存，检查该域名是否最近被转换过。如果有这个域名信息，域名服务器就会将有关域名和 IP 地址的绑定信息报告给客户，并标志为非授权绑定，同时给出获得此绑定的域名服务器的域名，本地域名服务器也会将该绑定信息通知客户，但该绑定信息可能是过时的。根据强调高效还是准确性，客户可以选择接受该绑定信息还是直接与该绑定信息的授权服务器联系。

1.10.2　实验工具软件简介

1. Simple DNS Plus 软件

Simple DNS Plus 软件安装完成后，其内部已经存储了一些根域名服务器的 IP 地址，当收到 DNS 请求时，如果在本地缓存中找不到相应的记录，DNS 服务器则向这些根域名服务器发出域名解析请求，并逐步完成解析过程。同时也可以由自己添加相应的记录。

将计算机配置为 DNS 服务器需要进行以下配置：

(1) 将本地连接的 TCP/IP 属性中首选的 DNS 服务器的 IP 地址设置为本机的 IP 地址。

(2) 运行 Simple DNS Plus 软件，选择 DNS 服务器的 Tools－Option 命令，弹出图 1-27 所示对话框，填写 General 选项中的域名：dns.wlgc.csust。

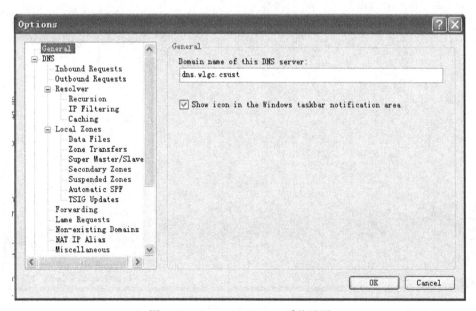

图 1-27　Simple DNS Plus 系统设置

(3) 在图 1-28 中，Inbound Requests 选择 "On the IP addresses checked below"，将本地计算机的 IP 地址选上，使本机成为 DNS 服务器。

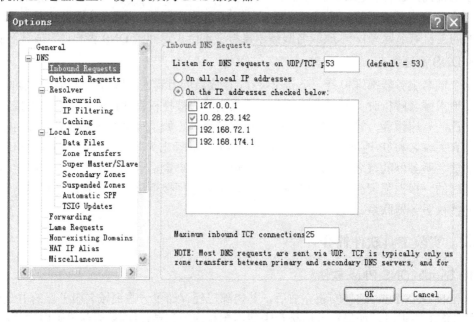

图 1-28　将本地主机选做 DNS 服务器

(4) 如图 1-29 所示，选择 "Records" 按钮，然后选择 "新建区域"。

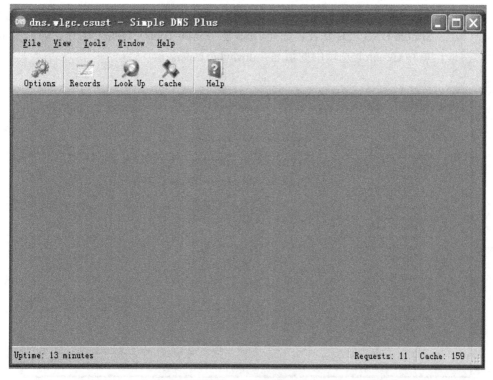

图 1-29　创建新区域

(5) 如图 1-30 所示创建 DNS 正向解析区域；如图 1-31 所示创建 DNS 反向解析区域。

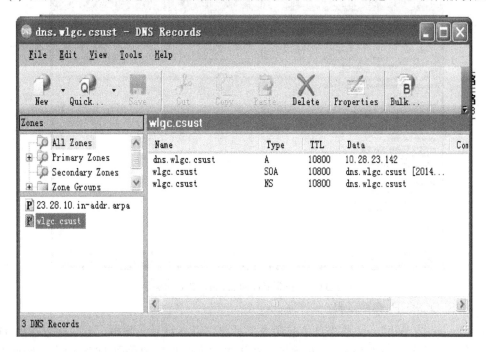

图 1-30　创建 DNS 正向解析区域

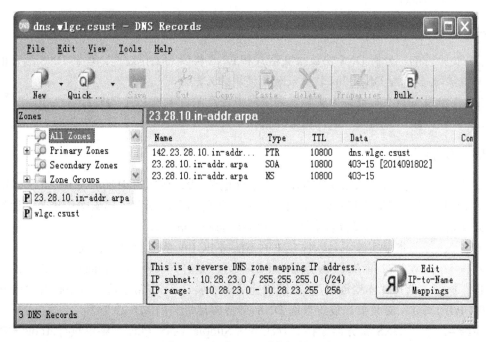

图 1-31　创建 DNS 反向解析区域

(6) 如图 1-32 所示，查找 dns.wlgc.csust 域名服务器，如果找到则 DNS 工作正常，配置完成。

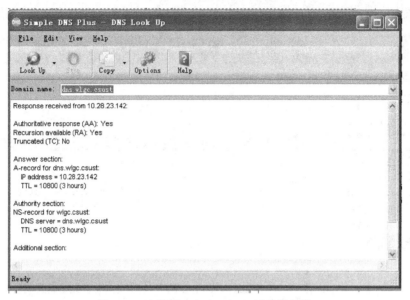

图 1-32   查找到 dns.wlgc.csust 域名服务器

2. NSLOOKUP 命令工具

Nslookup 是 Windows 系统自带的命令工具，可以显示域名解析，并且可以得到 DNS 解析服务器的主机名称和对应的 IP 地址。由于本次实验只需要获取 DNS 报文，因此选择它作为客户端工具。

1.10.3   实验环境与说明

(1) 实验目的。分析 DNS 协议报文格式和 DNS 协议的工作过程；理解 DNS 缓存的作用；同时学习 Simple DNS Plus 软件安装和使用的方法。

(2) 实验设备。实验设备为实验室局域网中任意两台主机 PC1、PC2。

(3) 实验分组。每两人一组，每组各自独立完成实验。

1.10.4   实验步骤

步骤 1：查看实验室 PC1 和 PC2 的 IP 地址，并记录。假设 PC1 的 IP 地址为 10.28.23.142/24，PC2 的 IP 地址为 10.28.23.141/24。由于实验室的计算机已经配置了局域网连接，并通过代理访问互联网，因此只需要查看本地的设置即可访问互联网。

步骤 2：按照本节实验工具软件介绍的方法将 PC1 配置成 DNS 服务器。

步骤 3：配置 PC2 的 DNS 服务器为 PC1，方法是打开"网络和 Internet 连接"的"网络连接"窗口，选择"本地连接"，右键快捷菜单"属性"，在常规选项卡中打开"Internet 协议(TCP/IP)属性"对话框。设置首选 DNS 服务器地址为 10.28.23.142。

步骤 4：清空 DNS 服务器缓存，方法为在 Simple DNS Plus 主菜单执行 Tools—DNS Cache Snapshot 中清除。

步骤 5：在 PC1 和 PC2 上启动 Wireshark，设置 PC1 的捕获条件为"not broadcast and not multicast"，PC2 的捕获条件为"host 10.28.23.142"，开始捕获报文。

步骤 6：在 PC2 上打开命令行窗口。如图 1-33 所示，执行 Nslookup，查询 www.sina.com。

图 1-33 Nslookup 操作示意

步骤 7：停止捕获报文并将捕获的结果分别保存为 DNS-S-学号-姓名(DNS 服务器端包)和 DNS-C-学号-姓名(DNS 客户端的包)。分析 DNS 的请求和应答报文，完成下面的题目。

(1) 从 DNS-C-学号-姓名中选择一条计算机发出的 DNS 请求报文和相应的 DNS 应答报文(它们的 Transaction ID 字段的值相同)，将两条报文的信息填入表 1.15 中。

表 1.15 DNS 请求报文和应答报文信息

DNS 报文类型	报文序号	源站点	目的站点	报文信息
DNS 请求报文				
DNS 应答报文				

(2) 在 DNS-S-学号-姓名的报文中找出图 1-34 所示的①～⑧报文，并将这些报文填入表 1.16 中。

表 1.16 DNS 请求报文格式

序号	报文序号	源站点	目的站点	报文主要作用	所属查询类型
1					
2					
3					
4					
5					
6					
7					
8					

(3) 从报文②可以得知，DNS 服务器所请求的根域名服务器 IP 地址为多少？Simple DNS Plus 内部存储了多少个根域名服务器的 IP 地址？

_____

_____

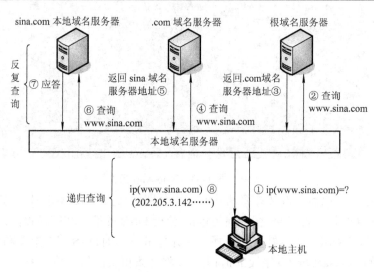

图 1-34　DNS 的解析过程

(4) 分析报文③，找出 DNS 服务器向哪一个.com 域名服务器发出请求报文，并写出它的域名和 IP 地址。

_____

_____

_____

步骤 8：重复步骤 5 到步骤 7 的操作，将捕获的结果保存为 DNS2-S-学号-姓名和 DNS2-C-学号-姓名。分析这次捕获的结果与上次捕获的结果有何不同，体会 DNS 高速缓存的作用。

两次监测的数据流量有什么区别？为什么出现了这种差别？

_____

_____

_____

实验完成后，要求将上述实验步骤中协议分析的结果写到实验报告中。

1.11 HTTP 协议分析实验

1.11.1 HTTP 协议简介

HTTP(Hyper Text Transfer Protocol，超文本传输协议)用于 WWW 服务。

1. HTTP 的工作原理

HTTP 是一个面向事务的客户服务器协议。尽管 HTTP 使用 TCP 作为底层传输协议，但 HTTP 协议是无状态的。也就是说，每个事务都是独立地进行处理。当一个事务开始时，就在万维网客户和服务器之间建立一个 TCP 连接，而当事务结束时就释放这个连接。此外，客户可以使用多个端口和服务器(80 端口)之间建立多个连接。其工作过程包括以下几个阶段：

(1) 服务器监听 TCP 端口 80，以便发现是否有浏览器(客户进程)向它发出连接请求。

(2) 一旦监听到连接请求，立即建立连接。

(3) 浏览器向服务器发出浏览某个页面的请求，服务器接着返回所请求的页面作为响应。

(4) 释放 TCP 连接。

浏览器和服务器之间的请求和响应的交互，必须遵循 HTTP 规定的格式和规则。

当用户在浏览器的地址栏输入要访问的 HTTP 服务器地址时，浏览器和被访问 HTTP 服务器的工作过程如下：

(1) 浏览器分析待访问页面的 URL 并向本地 DNS 服务器请求 IP 地址解析。

(2) DNS 服务器解析出该 HTTP 服务器的 IP 地址并将 IP 地址返回给浏览器。

(3) 浏览器与 HTTP 服务器建立 TCP 连接，若连接成功，则进入下一步。

(4) 浏览器向 HTTP 服务器发出请求报文(含 GET 信息)，请求访问服务器的指定页面。

(5) 服务器作出响应，将浏览器要访问的页面发送给浏览器，在页面传输过程中，浏览器会打开多个端口，与服务器建立多个连接。

(6) 释放 TCP 连接。

(7) 浏览器收到页面并显示给用户。

2. HTTP 报文格式

HTTP 有两类报文：从客户到服务器的请求报文和从服务器到客户的响应报文。图 1.35 显示了两种报文的结构。

在图 1-35 中，每个字段之间有空格分隔，每行的行尾有回车换行符。各字段的意义如下：

(1) 请求行由三个字段组成：方法字段，最常用的方法为 "GET"，表示请求读取一个万维网的页面。常用的方法还有 "HEAD(指读取页面的首部)" 和 "POST(请求接受所附加的信息)；URL 字段为主机上的文件名，这是因为在建立 TCP 连接时已经有了主机名；版本字段说明所使用的 HTTP 协议的版本，一般为 "HTTP/1.1"。

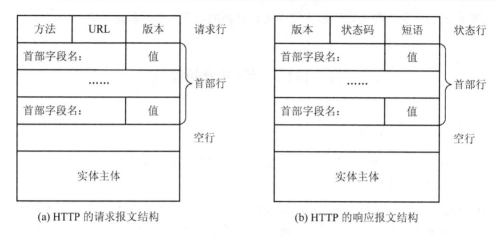

(a) HTTP 的请求报文结构　　　　　　　(b) HTTP 的响应报文结构

图 1-35　HTTP 的请求报文和响应报文结构

(2) 状态行也有 3 个字段：第 1 个字段等同请求行的第 3 字段；第 2 个字段一般为"200"，表示一切正常，状态码共有 41 种，常用的有：301(网站已转移)，400(服务器无法理解请求报文)，404(服务器没有锁请求的对象)等；第 3 个字段是解释状态码的短语。

(3) 根据具体情况，首部行的行数是可变的。请求首部有 Accept 字段，其值表示浏览器可以接受何种类型的媒体；Accept-language，其值表示浏览器使用的语言；User-agent 表明可用的浏览器类型。响应首部中有 Date、Server、Content-Type、Content-Length 等字段。在请求首部和响应首部中都有 Connection 字段，其值为 Keep-Alive 或 Close，表示服务器在传送完所请求的对象后是保持连接或关闭连接。

(4) 若请求报文中使用 "GET"方法，首部行后面没有实体主体，当使用"POST"方法时，附加的信息被填写在实体主体部分。在响应报文中，实体主体部分为服务器发送给客户的对象。

1.11.2　实验环境与说明

(1) 实验目的。在 PC 机上访问任意的 Web 页面(比如 WWW.CSUST.EDU.CN)，捕获报文，分析 HTTP 协议的报文格式和 HTTP 协议的工作过程。

(2) 实验设备。实验设备为实验室局域网中任意一台主机 PC。

(3) 实验分组。每人一台计算机，独立完成实验。

1.11.3　实验步骤

步骤 1：在 PC 机上运行 Wireshark，开始捕获报文，为了只捕获和要访问的网站相关的数据报，将捕获条件设置为 "not broadcast and not multicast"。

步骤 2：从浏览器上访问 Web 界面，如 http://www.csust.edu.cn，打开网页，待浏览器的状态栏出现"完毕"信息后关闭网页。

步骤 3：停止捕获报文，将捕获的报文命名为 http-学号—姓名，然后保存。分析捕获的报文，回答以下几个问题。

(1) 综合分析捕获的报文，查看有几种 HTTP 报文？

_____

_____

_____

(2) 在捕获的 HTTP 报文中，任选一个 HTTP 请求报文和对应的 HTTP 应答报文，仔细分析它们的格式，填写表 1.17 和表 1.18。

表 1.17　HTTP 请求报文格式

方　法		版　本	
URL			
首部字段名	字段值	字段所表达的信息	

表 1.18　HTTP 应答报文格式

版　本		状态码	
短　语			
首部字段名	字段值	字段所表达的信息	

(3) 分析捕获的报文，客户机与服务器建立了几个连接？服务器和客户机分别使用了哪几个端口号？

_____

_____

(4) 综合分析捕获的报文，理解 HTTP 协议的工作过程，将结果填入表 1.19 中。

表 1.19 HTTP 协议工作过程

HTTP 客户机端口号	HTTP 服务器端口号	所包括的报文号	步骤说明

实验完成后，要求将上述实验步骤中协议分析的结果写到实验报告中。

1.12 电子邮件相关协议分析实验

1.12.1 电子邮件相关协议简介

一个电子邮件系统由三个部分组成，即用户代理、邮件服务器和电子邮件协议。用户代理是在用户 PC 机上运行的程序，用户利用它来编辑、发送和接收邮件；邮件服务器是电子邮件系统的核心构件，功能是发送和接收邮件。电子邮件在发送和接收过程中所必须遵守的格式和规则就是电子邮件协议。

系统的组成和工作过程如图 1-36 所示。

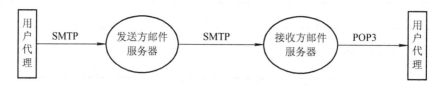

图 1-36 电子邮件系统的组成和工作过程

其发送和接收过程：

① 用户利用用户代理编辑一份电子邮件，指明收件人的地址，然后利用 SMTP 协议将邮件发送到发送方的电子邮件服务器。

② 发送方的邮件服务器收到该邮件后，按照收件人地址中的邮件服务器的主机名，通过 SMTP 协议将邮件发送到接收方的电子邮件服务器，接收方的邮件服务器根据收件人地址中的账号将邮件放入对应的邮箱中。

③ 利用 POP3 协议，接收方用户可以在任何时间、地点使用用户代理从自己的邮箱中读取邮件。下面讨论 SMTP 协议和 POP3 协议。

1. 简单邮件传送协议 SMTP

SMTP 工作在两种情况下：一是电子邮件从客户机传输到服务器；二是从发送方服务器传输到接收方服务器。SMTP 使用客户服务器方式，负责发送邮件的进程就是 SMTP 客户，负责接收邮件的进程是 SMTP 服务器。

SMTP 协议的工作过程如下：

1）建立连接

① SMTP 客户每隔一定的时间对邮件缓存扫描一次，若发现有邮件，就使用 25 号端口与目的主机的 SMTP 服务器建立 TCP 连接。

② 在连接建立后，SMTP 服务器发出 "220 Service ready" 的消息。

③ SMTP 客户向 SMTP 服务器发送 HELLO 命令，并附上发送方主机名。

④ SMTP 服务器若有能力接收邮件，则回发 "250 OK"，表示已准备好接收；否则，回答 "421 Service not available"。

2）邮件传送

① SMTP 客户向服务器发送 MAIL FROM 命令，开始发送邮件，命令后跟发信人地址。

② 若 SMTP 服务器准备好接收邮件，则回答 "250 OK"。否则，返回一个代码，指出出错原因。

③ SMTP 客户发一个或多个 RCPT TO 命令，其格式为 RCPT TO：<收信人地址>，指出信件要发送的目的地。对每个 RCPT 命令，若其后的邮箱在接收端系统中，则服务器回答 "250 OK"。否则，回答 "550 No such user here"。

④ 接着，SMTP 客户发送 DATA 命令，表示要开始发送邮件内容了。若能接收邮件，SMTP 服务器返回 "354 send the mail data，end with．<CR><LF>"；否则，返回 "421 (服务器不可用)"、"500(无法识别)" 等。注意：<CR>、<LF> 分别表示十六进制字符 0d、0a，即 \r 和 \n。

⑤ SMTP 客户发送邮件内容，发送完毕，再发送 <CR><LF>。若邮件收到了，则服务器返回 "250 OK"，否则，返回一个差错代码。

3）释放连接

邮件发送完毕后，SMTP 客户发送 QUIT 消息，服务器返回 "221 Bye"。断开 TCP 连接，结束邮件传输。

2. 邮局协议 POP3

POP 协议用于从服务器到客户端的邮件传输中，尽管它的功能有限，但使用非常广泛，目前已发展到第三版，称 POP3。在 POP3 协议中有三种状态：确认状态、处理状态和更新状态。初始时，服务器通过侦听 TCP 端口 110 开始 POP3 服务。当客户需要使用服务时，它将与服务器主机建立 TCP 连接，POP3 服务器发送一个单行的确认消息，如"OK Welcome to coremail Mail POP3 Server" 之类的消息。此时，POP3 会话就进入了确认状态。

1）确认状态

POP3 客户首先发送 user 命令，将用户账号发送给 POP3 服务器，如果 POP3 服务器以

"OK"信息响应，客户就可以发送 pass 命令以完成确认。当客户发送了 pass 命令后，服务器根据 user 和 pass 命令的附加信息决定是否允许访问相应的邮件并返回应答信息。

2) 处理状态

一旦 POP3 服务器成功地确认了客户的身份，服务器就给相应的邮件加排它锁并打开该邮件，这时 POP3 会话进入处理状态。客户可以使用下面的 POP3 命令对邮件进行操作，对每个命令服务器都会返回应答。

STAT：请求服务器发回关于邮箱的统计资料，如邮件总数和总字节数。

UIDL：请求服务器发回邮件的唯一标识符，POP3 会话的每个标识符都将是唯一的。

LIST：请求服务器发回邮件的数量和每个邮件的大小。

RETR：请求服务器发回由参数标识的邮件的全部文本。

DELE：请求服务器将由参数标识的邮件标记为删除，由 QUIT 命令执行。

RSET：请求服务器将重置所有标记为删除的邮件，用于撤消 DELE 命令。

TOP：请求服务器将返回由参数标识的邮件前 n 行内容，n 必须是正整数。

3) 更新状态

当客户在处理状态下发送 QUIT 命令后，会话进入更新状态。(注意：如果客户在确认状态下发送 QUIT 后，会话就不进入更新状态。)服务器删除所有标记为删除的邮件，然后释放排它锁，并返回这些操作的状态码。此后，TCP 连接被中断。如果会话因为 QUIT 命令以外的原因中断，会话就不进入更新状态，也不从服务器中删除任何信件。

1.12.2 实验工具软件简介

为了观察到邮件发送的全部过程，需要在本地计算机上配置邮件服务器和客户代理。将使用 CMailServer 服务器软件配置本地邮件服务器，使用 Windows 自带的 Outlook Express 作为客户代理。

1. CMailServer

CMailServer 是安全易用的全功能的邮件服务器软件，基于 Windows 平台，支持通用邮件客户端软件 Outlook Express、Microsoft Outlook、Foxmail 等收发邮件。CMailServer 设置简单，容易使用，非常适合实验使用。

2. Outlook Express

Outlook Express 是 Windows 系统自带的电子邮件客户端软件，功能强大，支持多用户，无论是电子邮件还是新闻组，Outlook Express 都是重要的工具软件。

1.12.3 实验环境与说明

(1) 实验目的。分析 SMTP 协议及 POP3 协议报文格式、SMTP 协议及 POP3 协议的工作过程。学习 CMailServer 邮件服务软件和 Outlook Express 客户端软件的基本配置与使用。

(2) 实验设备和连接。实验设备为实验室局域网中任意两台主机 PC1、PC2。

(3) 实验分组。每两人一组，每组各自独立完成实验。

1.12.4　实验步骤

步骤 1：查看实验室 PC1 和 PC2 的 IP 地址，并记录。假设 PC1 的 IP 地址为 10.28.23.141/24，PC2 的 IP 地址为 10.28.23.142/24。

步骤 2：在 PC1 上配置 CMailServer 邮件服务器，安装 CMailServer，启动后出现图 1-37 所示 CMailServer 主界面。

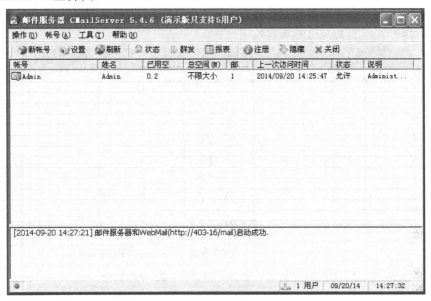

图 1-37　CMailServer 主界面

在初次进入 CMailServer 后，系统只提供 Admin 系统管理帐户，需要配置后才能使用。只要完成服务器设置和帐户设置，就可以进行实验了。首先，选择菜单：工具→服务器设置，打开图 1-38 所示对话框，完成如下设置：

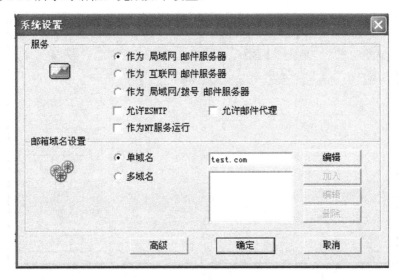

图 1-38　CMailServer 系统设置

(1) 服务：选择局域网邮件服务器。

(2) 取消允许 ESMTP、邮件代理和作为 NT 服务运行的选择。

(3) 邮箱域名设置为单域名并指定，例如 test.com(可以由学生自己定义)。

(4) 选择菜单：帐号→新建帐号，打开图 1-39 所示对话框，完成新帐号设置。

(5) 帐号指定为 test1；密码设置为 123456；姓名指定为王一。

在完成上述配置后，PC1 就可以提供实验所需的电子邮件服务了，新建的帐号邮箱为 test1@test.com。同学在实验时，要求设置域名为班号.cn，帐号为自己的名字拼音缩写，密码为自己的学号，姓名为自己的真实姓名。

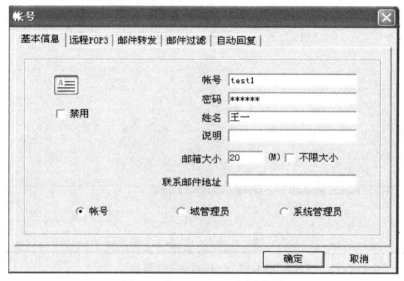

图 1-39 CMailServer 新建帐号

步骤 3：在 PC2 上配置 Outlook Express 客户端。

打开 Outlook Express，点击 "工具"，然后选 "帐户"，打开图 1-40 所示对话框。

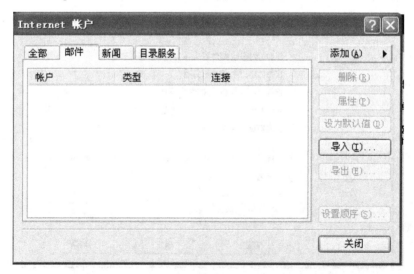

图 1-40 Outlook Express 的帐号管理

单击"添加",选择邮件,进入 Internet 连接向导。根据邮件服务器的配置,配置以下参数,显示名输入用户的姓名;电子邮件地址输入 test1@test.com.;接收邮件服务器和发送邮件服务器设置为 PC1 的 IP 地址;帐户名和密码输入 test1 和 123456,直到完成。在帐户列表中就会看到新设置的邮件帐户,单击"属性",查看"设置",如图 1-41 和图 1-42 所示。

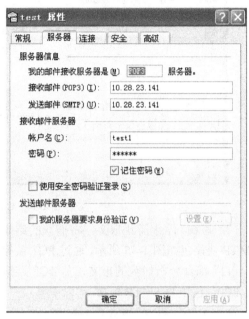

图 1-41　帐户常规属性　　　　　　　　　　图 1-42　帐户服务器属性

步骤 4:在 PC2 上使用 Outlook Express 创建新邮件,收信人为自己,如图 1-43 所示,点击菜单"文件",选择"以后发送",将邮件保存到发信箱。

图 1-43　新邮件示例

步骤 5：在 PC1 和 PC2 上运行 Wireshark，开始捕获报文。PC2 执行 Outlook Express 发送与接收邮件，如果邮件收发都没有问题，可以在 CMailServer 状态窗口中看到图 1-44 所示信息。

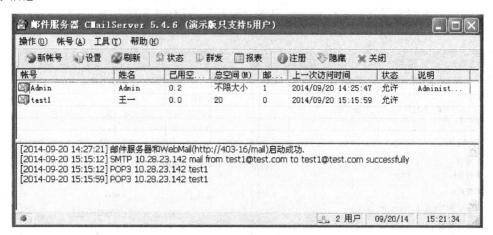

图 1-44　CMailServer 界面

步骤 6：停止捕获报文，将捕获的结果保存为 Mail-学号-姓名并进行分析。捕获到的 SMTP 协议包如图 1-45 所示，通过 PC1 监控到数据流量，分析这些数据包并回答下列问题。

(1) 综合分析捕获的报文，从 TCP 连接建立后开始分析 SMTP 协议的工作过程，填写表 1.20，仅填写 SMTP 报文。

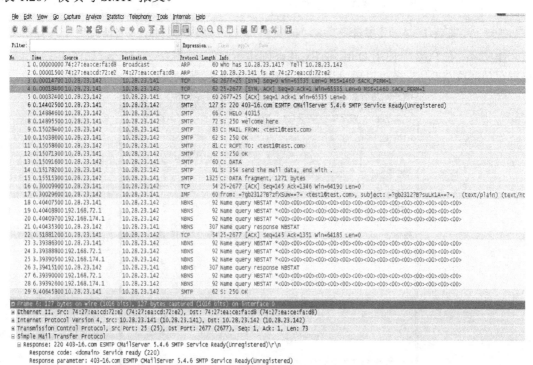

图 1-45　捕获到的 SMTP 协议包

表 1.20　SMTP 传输过程

SMTP 连接的建立过程	报文号	源站点	目标站点	报文信息及参数	报文作用
					1
邮件传送过程	报文号	源站点	目标站点	报文信息及参数	报文作用
SMTP 连接的释放过程	报文号	源站点	目标站点	报文信息及参数	报文作用

(2) 综合分析捕获的报文，从 TCP 连接建立以后开始分析 POP3 协议的工作过程，将结果填入表 1.21 中，仅考虑请求和应答报文。

(3) 查看两次捕获的报文的结果中 TCP 连接建立的过程，回答 SMTP 和 POP3 分别使用的 TCP 端口是多少?

实验完成后，要求将上述实验步骤中协议分析的结果写到实验报告中。

表 1.21　POP3 协议工作过程

状态	报文号	类型(请求/应答)	信息及参数	报文作用
确认状态				
处理状态				
更新状态				

第2章 网络原理综合设计

上一章通过协议分析讲解了相关协议的报文格式和协议的基本工作原理，本章在上一章的基础上，通过综合运用相关协议和程序设计知识，编程实现相关协议的报文结构、工作过程和网络应用。本章内容涉及数据链路层、网络层、传输层和应用层，可以作为综合型实验或计算机网络课程设计的内容。

2.1 Socket 与网络编程基础知识

2.1.1 客户/服务器模型

客户/服务器(Client/Server，C/S)模型是因特网进程之间通信的模型之一，它所描述的是进程之间服务和被服务的关系。客户和服务器都是指通信中所涉及的两个应用进程，其中，客户是服务的请求方，服务器是服务的提供方。因特网中许多应用都是基于 C/S 模型通信的，如 WWW、FTP、E-mail 等。进程间使用 C/S 模型通信时，服务器进程一般在系统启动时自动运行，以后一直保持运行状态，被动地等待客户进程的通信请求，而客户进程则在需要与服务器进程通信时，主动向服务器进程联系，向服务器发送请求，服务器收到客户请求后对客户请求做出响应。

一般一个服务器可以同时处理多个客户请求。服务器有两种处理多个客户请求的方案：重复服务器方案和并发服务器方案。在重复服务器方案中，服务器中设置一个客户请求等待队列，服务器按顺序依次处理客户请求。在并发服务器方案中，服务器被分为主服务器和从服务器两类，主服务器负责等待客户的请求和创建从服务器，从服务器负责处理客户的请求。主服务器每收到一个客户请求，就会创建一个从服务器来处理该客户的请求，然后主服务器返回，继续等待其他客户请求。重复服务器方案对系统资源要求不高，但处理一个客户请求时，其他客户请求必须等待，一般用于处理可在预期时间内处理完的请求，主要针对面向无连接的客户/服务器模型。并发服务器方案具有实时性好和灵活性高的特点，但对系统资源要求高，一般用于处理不可在预期时间内处理完的请求，主要针对面向连接的客户/服务器模型。

实际上，一台主机上可以运行多个服务器程序，因此，必须提供一种机制让客户程序无歧义性地指明所需要的服务。这种机制要求赋予每个服务器程序一个唯一的标识，同时要求客户和服务器程序都使用这个标识。在 TCP/IP 网络中使用端口号来标识服务器程序，客户进程在通信时也会被分配一个端口号。

2.1.2 套接字接口

套接字接口(Socket Interface)是一种 TCP/IP 网络的应用编程接口(Application Programming

Interface，API)，即应用程序与协议栈软件之间的接口。套接字接口最早是由加州伯克利分校在 UNIX 操作系统上实现的，称为 Berkeley Socket。Socket 接口规定了许多函数和例程，程序设计者可以使用它们来开发 TCP/IP 网络上的应用程序，如图 2-1 所示。两个相互通信的应用程序，并不是直接与 TCP/IP 打交道，而是与系统提供的编程接口打交道，Socket 接口就是这样的一个编程接口。

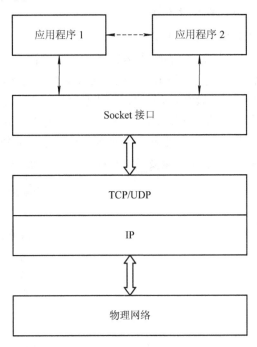

图 2-1   应用程序与 TCP/IP

当应用进程需要使用网络进行通信时就发出一个系统调用,请求操作系统为其创建"套接字"，以便把网络通信所需要的系统资源分配给该应用进程。操作系统用一个整数即套接字描述符来表示这些资源的总和，并把套接字描述符返回给应用进程。应用进程所进行的网络操作都必须使用这个套接字描述符。通信完毕后，应用进程调用关闭套接字来通知操作系统回收与该套接字描述符相关的所有资源。

一个套接字描述符实际上是一个指向内部数据结构的指针，该数据结构一般包含了通信所需的相关信息，例如协议族、Socket 类型、IP 地址、端口号等。实际上，建立一个套接字意味着为该套接字的数据结构分配存储空间。TCP/IP 网络提供多种类型的 Socket，常用的有三种类型，分别是流式 Socket(SOCKET_STREAM)、数据报式 Socket(SOCKET_DGRAM)和原始 Socket(SOCKET_RAW)。流式 Socket 是一种面向连接的 Socket，对应于面向连接的 TCP 服务。数据报式 Socket 是一种面向无连接的 Socket，对应于无连接的 UDP 服务。原始套接字允许对较低层次的协议直接访问，比如 IP、ICMP 协议等。

微软遵循 Berkeley Socket 规范，定义了一套 Microsoft Windows 下的 API，称为 Winsock。Winsock 是以动态链接库来实现 Socket 接口的,它不仅包含了人们所熟悉的 Berkeley Socket 风格的库函数，也包含了一组针对 Windows 的扩展库函数，以使程序员能充分地利用 Windows 消息驱动机制进行编程。本章实验主要使用 Winsock 来编程。

2.1.3 基于 Socket 接口的程序设计流程

无论哪种类型的 Socket，设计 Socket 程序时都遵循四个步骤：① 建立 Socket；② 配置 Socket；③ 通过 Socket 收发数据；④ 通信完毕，释放所建立的 Socket。

下面介绍面向连接的流式 Socket 程序设计方法和无连接的数据报式 Socket 程序设计方法，原始 Socket 程序设计方法参见 2.3 节。

1. 面向连接的流式 Socket 程序设计

面向连接的 Socket 程序设计流程如图 2-2 所示。在设计服务器端程序时，首先使用 socket( )函数创建一个流式套接字，再调用 bind( )函数将此套接字与本地 IP 地址和协议端口号联系起来，然后用 listen( )函数将服务器设置为被动的监听模式，建立一个请求队列，接着用 accept( )函数接收客户的连接请求，并建立连接。连接建立后，就可以使用 recv( )接收客户端发来的服务请求数据，使用 send( )向客户端发送响应数据。当所有的数据传输结束以后，调用 close( )函数来释放该套接字，从而停止该套接字上的任何数据操作。

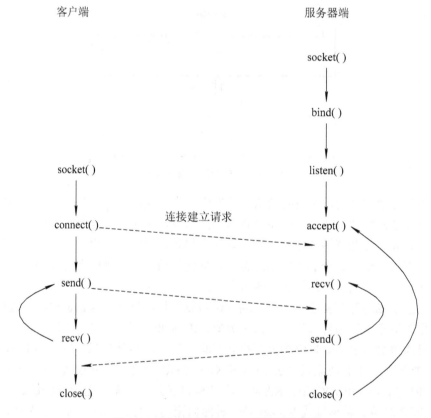

图 2-2　面向连接的 Socket 程序设计流程

在设计客户端程序时，同样要先使用 socket( )函数创建一个流式套接字，接着调用 connect( )函数启动与服务器建立网络连接的过程，在客户与服务器建立连接以后，就可以使用 send( )向服务器发送请求数据，使用 recv( )接收服务器发来的响应数据。当所有的数据传输结束以后，调用 close( )函数来释放所建立的套接字。

2. 无连接的数据报式 Socket 程序设计

面向无连接的 Socket 程序设计流程如图 2-3 所示。服务器端和客户端都先使用 socket( ) 函数创建数据报类型的套接字，调用 bind( )函数将此套接字与本地 IP 地址和协议端口号绑定起来，然后双方就可以传输数据了。由于本地 socket 并没有与远端机器建立连接，所以在发送数据时应指明目的地址。因此，无连接的 Socket 程序中使用 sendto( )和 recvfrom( ) 函数进行数据传输。当所有的数据传输结束以后，调用 close( )函数来关闭该套接字，释放所分配的资源。

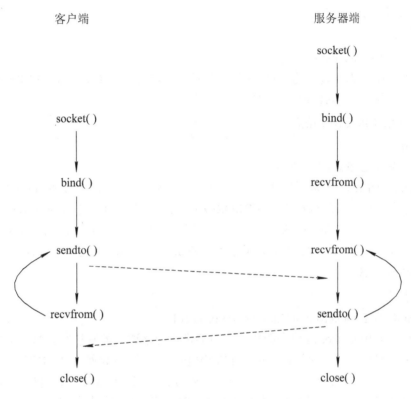

图 2-3　面向无连接的 Socket 程序设计流程

2.1.4　常用 Winsock API 函数

Winsock 有两个主要的版本，Winsock1 和 Winsock2。Winsock2 在 Winsock1 的基础上添加了新的 API 函数。可用函数名前的 WSA 前缀来区分版本。如果要使用 Winsock1，需要包含头文件 Winsock.h，如果要使用 Winsock2，需要包含头文件 Winsock2.h。

1. WSAStartup 函数

调用格式：

    int WSAStartup(WORD wVersionRequested, LPWSADATA lpWSAData);

在使用 Socket 之前必须调用 WSAStartup 函数。该函数的第一个参数指明程序请求使用的 Socket 版本，其中高位字节指明副版本，低位字节指明主版本。操作系统利用第二个参数返回请求的 Socket 的版本信息。当一个应用程序调用 WSAStartup 函数时，操作系统根据请求的 Socket 版本来搜索相应的 Socket 库，然后将找到的 Socket 库绑定到该应用程序中。以后应用程序就可以调用所请求的 Socket 库中的其他 Socket 函数了。该函数执行成功后返回 0。

例：假如一个程序要使用 2.1 版本的 Socket，可以用如下程序代码实现。

```
wVersionRequested = MAKEWORD(2, 1);                // 生成版本号 2.1
err = WSAStartup(wVersionRequested, &wsaData);     //初始化
if (err!=0) {return;}                              //找不到合适的 DLL 文件
```

2. WSACleanup 函数

调用格式：

```
int WSACleanup (void);
```

应用程序在完成对请求的 Socket 库的使用后，要调用 WSACleanup 函数来解除与 Socket 库的绑定并且释放 Socket 库所占用的系统资源。

3. WSAgetLastError 函数

调用格式：

```
int WSAgetLastError(void );
```

WSAgetLastError 函数返回本线程进行的上一次 Winsock 函数调用时的错误代码。Winsock 定义了一个常数 SOCKET_ERROR(Winsock 定义为−1)来表示 Winsock 函数调用错误。因此，当发生一个 Winsock 函数调用错误时，函数返回一个 SOCKET_ERROR 常数，程序可以通过调用 WSAgetLastError 函数得到错误代码，从而确定引起错误的原因。

4. socket 函数

调用格式：

```
SOCKET socket(int af, int type, int protocol);
```

应用程序调用 socket 函数来创建一个能够进行网络通信的套接字。第一个参数指定应用程序使用的通信协议的协议族，对于 TCP/IP 协议族，该参数置为 PF_INET；第二个参数指定要创建的套接字类型，流套接字类型为 SOCK_STREAM，数据报套接字类型为 SOCK_DGRAM，原始套接字类型为 SOCK_RAW；第三个参数指定应用程序所使用的通信协议。该函数如果调用成功就返回新创建的套接字的描述符，如果失败就返回 INVALID_SOCKET。套接字描述符是一个整数类型的值。每个进程的进程空间里都有一个套接字描述符表，用来存放套接字描述符和套接字数据结构的对应关系。该表中有一个字段存放新创建的套接字的描述符，另一个字段存放套接字数据结构的地址，因此根据套接字描述符就可以找到其对应的套接字数据结构。下面是一个创建流套接字的例子：

```
struct protoent *ppe;
ppe=getprotobyname("tcp"); //指定通信协议为 TCP 协议
SOCKET ListenSocket=socket(PF_INET, SOCK_STREAM, ppe->p_proto);
```

5. closesocket 函数

调用格式：

```
int closesocket(SOCKET s);
```

closesocket 函数用来关闭一个描述符为 s 的套接字。由于每个进程中都有一个套接字

描述符表，表中的每个套接字描述符都对应了一个位于操作系统缓冲区中的套接字数据结构，因此可能有几个套接字描述符指向同一个套接字数据结构。套接字数据结构中专门有一个字段存放该结构的被引用次数，即有多少个套接字描述符指向该结构。当调用 closesocket 函数时，操作系统先检查套接字数据结构中该字段的值。如果该值为 1，就表明只有一个套接字描述符指向它，因此操作系统就先把 s 在套接字描述符表中对应的那条表项清除，并且释放 s 对应的套接字数据结构；如果该字段的值大于 1，那么操作系统仅仅清除 s 在套接字描述符表中的对应表项，并且把 s 对应的套接字数据结构的引用次数减 1。

closesocket 函数如果执行成功就返回 0，否则返回 SOCKET_ERROR。

6. bind 函数

调用格式：

    int bind(SOCKET s, struct sockaddr *name, int namelen);

当创建了一个 Socket 以后，套接字数据结构中就会有一个默认的 IP 地址和默认的端口号。一个服务程序必须调用 bind 函数给其绑定一个 IP 地址和一个特定的端口号。该函数的第一个参数指定待绑定的 Socket 描述符，第二个参数指定一个 sockaddr 结构，该结构是这样定义的：

    struct sockaddr {
    u_short sa_family;
    char sa_data[14];
    };

sa_family 用于指定地址族，对于 TCP/IP 协议族的套接字，将其置为 AF_INET。当对 TCP/IP 协议族的套接字进行绑定时，我们通常使用另一个地址结构：

    struct sockaddr_in {
    short sin_family;
    u_short sin_port;
    struct in_addr sin_addr;
    char sin_zero[8];
    };

其中：sin_family 置 AF_INET；sin_port 指明端口号；sin_addr 结构体中只有一个唯一的字段 s_addr，表示 IP 地址，该字段是一个整数，一般用函数 inet_addr( ) 把字符串形式的 IP 地址转换成 unsigned long 型的整数值后再置给 s_addr。有的服务器是多宿主机，至少有两个网卡，那么运行在这样的服务器上的服务程序在为其 Socket 绑定 IP 地址时可以把 htonl(INADDR_ANY) 的值置给 s_addr，这样做的好处是不论哪个网段上的客户程序都能与该服务程序通信。如果只给运行在多宿主机上的服务程序的 Socket 绑定一个固定的 IP 地址，那么就只有与该 IP 地址处于同一个网段上的客户程序才能与该服务程序通信。我们用 0 来填充 sin_zero 数组，目的是让 sockaddr_in 结构的大小与 sockaddr 结构的大小一致。下面是一个 bind 函数调用的例子：

    struct sockaddr_in saddr;
    saddr.sin_family = AF_INET;

```
saddr.sin_port = htons(8888);
saddr.sin_addr.s_addr = htonl(INADDR_ANY);
bind(ListenSocket,(struct sockaddr *)&saddr,sizeof(saddr));
```

7. listen 函数

调用格式：

```
int listen(SOCKET s, int backlog);
```

服务器程序可以调用 listen 函数使其流套接字 s 处于监听状态。处于监听状态的流套接字 s 将维护一个客户连接请求队列，该队列最多容纳 backlog 个客户连接请求。假如该函数执行成功，则返回 0；如果执行失败，则返回 SOCKET_ERROR。

8. accept 函数

调用格式：

```
SOCKET accept(SOCKET s, struct sockaddr *addr, int *addrlen);
```

服务器程序调用 accept 函数，从处于监听状态的流套接字 s 的客户连接请求队列中取出排在最前面的一个客户请求，并且创建一个新的套接字来与客户套接字连接，如果连接成功，就返回新创建的套接字的描述符，以后与客户套接字交换数据的是新创建的套接字；如果失败就返回 INVALID_SOCKET。该函数的第一个参数指定处于监听状态的流套接字；操作系统利用第二个参数来返回新创建的套接字的地址结构；操作系统利用第三个参数来返回新创建的套接字的地址结构的长度。下面是一个调用 accept 的例子：

```
struct sockaddr_in ServerSocketAddr;
int addrlen;
addrlen=sizeof(ServerSocketAddr);
ServerSocket=accept(ListenSocket,(struct sockaddr *)&ServerSocketAddr,&addrlen);
```

9. connect 函数

调用格式：

```
int connect(SOCKET s, struct sockaddr *name, int namelen);
```

客户程序调用 connect 函数来使客户 Socket s 与监听于 name 所指定的计算机的特定端口上的服务 Socket 进行连接。如果连接成功，connect 返回 0；如果失败则返回 SOCKET_ERROR。

10. setsockopt 函数

调用格式：

```
int setsockopt(SOCKET s, int level, int optname, const char* optval, int optlen);
```

创建 Socket 后，可以使用 setsockopt( )函数来设置 Socket 选项值。其中，参数 s 指向一个打开的套接字描述符，level 指定选项所在的协议层，optname 是要设置的选项名称，optval 是一个指向存放选项值的缓冲区的指针，optlen 指出 optval 缓冲区的长度。设置成功函数返回值为 0，否则返回相应的错误代码。level 常取三种值：SOL_SOCKET 表示通用套接字选项，IPPROTO_IP 表示 IPv4 协议选项，IPPROTO_TCP 表示 TCP 协议选项。表 2.1 给出了部分较常用的选项。

表 2.1 常 用 的 选 项

选项层次	选项名称	数据类型	说　明
SOL_SOCKET	SO_BROADCAST	int	允许发送广播数据
	SO_DEBUG	int	允许调试
	SO_DONTROUTE	int	不查找路由
	SO_ERROR	int	获得套接字错误
	SO_KEEPALIVE	int	保持连接
	SO_LINGER	Struct linger	延迟关闭连接
	SO_OOBINLINE	int	带外数据放入正常数据流
	SO_RCVBUF	int	接收缓冲区大小
	SO_SNDBUF	int	发送缓冲区大小
	SO_RCVLOWAT	int	接收缓冲区下限
	SO_SNDLOWAT	int	发送缓冲区下限
	SO_RCVTIMEO	struct timeval	接收超时
	SO_SNDTIMEO	struct timeval	发送超时
	SO_REUSERADDR	int	允许重用本地地址和端口
	SO_TYPE	int	获得套接字类型
	SO_BSDCOMPAT	int	与 BSD 系统兼容
IPPROTO_IP	IP_HDRINCL	int	在数据包中包含 IP 首部
	IP_OPTINOS	int	IP 首部选项
	IP_TOS	int	服务类型
	IP_TTL	int	生存时间
IPPRO_TCP	TCP_MAXSEG	int	TCP 最大数据段的大小
	TCP_NODELAY	int	不使用 Nagle 算法

下面是使用 setsockopt 函数的几个例子。

例 1：在 send( )、recv( )过程中有时由于网络状况等原因，收发不能预期进行，需要设置收发时限：

　　　　int nNetTimeout=1000;　　　　//1 秒

　　　　setsockopt(socket，SOL_SOCKET,SO_SNDTIMEO，(char *)&nNetTimeout，

　　　　sizeof(int))；　　　　　　　　//发送时限

　　　　setsockopt(socket，SOL_SOCKET,SO_RCVTIMEO，(char *)&nNetTimeout，

　　　　sizeof(int))；　　　　　　　　//接收时限

例 2：在使用 send( )发送数据时，返回的是实际发送出去的字节(同步)或发送到 Socket 缓冲区的字节(异步)，系统默认的状态是发送和接收一次为 8688 字节(约为 8.5 KB)，在实际的过程中发送数据和接收数据量比较大，可以设置 Socket 缓冲区，避免 send( )、recv( ) 不断地循环收发：

//接收缓冲区

int nRecvBuf=32*1024;   //设置为 32K

setsockopt(s,SOL_SOCKET,SO_RCVBUF,(const char*)&nRecvBuf,sizeof(int));

//发送缓冲区

int nSendBuf=32*1024;   //设置为 32K

setsockopt(s,SOL_SOCKET,SO_SNDBUF,(const char*)&nSendBuf,sizeof(int));

例 3：如果手动处理 IP 数据报首部，则需要设置如下 IP_HDRINCL 的选项：

int flag = 1;

setsockopt(sockfd, IPPROTO_IP, IP_HDRINCL, &flag, sizeof(int));

11. send 函数

调用格式：

int send(SOCKET s，char *buf，int len，int flags);

该函数只用于面向连接的 Socket。不论是客户还是服务器应用程序都用 send 函数来向 TCP 连接的另一端发送数据。客户程序一般用 send 函数向服务器发送请求，而服务器则通常用 send 函数来向客户程序发送应答。该函数的第一个参数指定发送端套接字描述符；第二个参数指明一个存放应用程序要发送数据的缓冲区；第三个参数指明实际要发送的数据的字节数；第四个参数一般置 0。这里只描述同步 Socket 的 send 函数的执行流程。当调用该函数时，send 先比较待发送数据的长度 len 和套接字 s 的发送缓冲区的长度，如果 len 大于 s 的发送缓冲区的长度，该函数返回 SOCKET_ERROR；如果 len 小于或者等于 s 的发送缓冲区的长度，那么 send 先检查协议是否正在发送 s 的发送缓冲区中的数据，如果是就等待协议把数据发送完，如果协议还没有开始发送 s 的发送缓冲区中的数据或者 s 的发送缓冲区中没有数据，那么就比较 s 的发送缓冲区的剩余空间和 len，如果 len 大于剩余空间，send 就一直等待协议直到把 s 的发送缓冲区中的数据发送完，如果 len 小于剩余空间，send 就仅仅把 buf 中的数据复制到剩余空间里(注意并不是 send 把 s 的发送缓冲区中的数据传到连接的另一端的，而是协议传的，send 仅仅是把 buf 中的数据复制到 s 的发送缓冲区的剩余空间里)。如果 send 函数复制数据成功，就返回实际复制的字节数；如果 send 在复制数据时出现错误，那么 send 就返回 SOCKET_ERROR；如果 send 在等待协议传送数据时网络断开的话，那么 send 函数也返回 SOCKET_ERROR。要注意 send 函数把 buf 中的数据成功复制到 s 的发送缓冲区中的剩余空间里后它就返回了，但是此时这些数据并不一定马上被传到连接的另一端。如果协议在后续的传送过程中出现网络错误的话，那么下一个 Socket 函数就会返回 SOCKET_ERROR。

12. recv 函数

调用格式：

int recv(SOCKET s, char *buf, int len, int flags);

该函数只用于面向连接的 Socket。不论是客户还是服务器应用程序都用 recv 函数从 TCP 连接的另一端接收数据。该函数的第一个参数指定接收端套接字描述符；第二个参数指明一个缓冲区，该缓冲区用来存放 recv 函数接收到的数据；第三个参数指明 buf 的长度；第四个参数一般置 0。这里只描述同步 Socket 的 recv 函数的执行流程。当应用程序调用 recv

函数时，recv 先等待 s 的发送缓冲区中的数据被协议传送完毕，如果协议在传送 s 的发送缓冲区中的数据时出现网络错误，那么 recv 函数返回 SOCKET_ERROR；如果 s 的发送缓冲中没有数据或者数据被协议成功发送完毕，recv 先检查套接字 s 的接收缓冲区，如果 s 接收缓冲区中没有数据或者协议正在接收数据，那么 recv 就一直等待，直到协议把数据接收完毕。当协议把数据接收完毕后，recv 函数就把 s 的接收缓冲区中的数据复制到 buf 中，recv 函数返回其实际复制的字节数。如果 recv 在复制时出错，那么它返回 SOCKET_ERROR；如果 recv 函数在等待协议接收数据时网络中断了，那么它返回 0。

13. sendto 函数

调用格式：

> int sendto(SOCKET s, char *buf，int len，int flags, struct sockaddr *to, int tolen);

无论所建立的 Socket 是什么类型，不论是客户还是服务器应用程序都可以用 sendto 函数来发送数据。该函数的前四个参数与 send 函数的四个参数一样；第五个参数是指向 sockaddr 结构(参见 bind 函数)的指针，含有接收数据方的目标地址；最后一个参数为所指地址结构长度。

14. recvfrom 函数

调用格式：

> int recvfrom(SOCKET s， char * buf, int len, int flags, struct sockaddr *from, int *fromlen);

无论所建立的 Socket 是什么类型，不论是客户还是服务器应用程序都可以用 recvfrom 函数来接收数据。该函数的前四个参数与 recv 函数的四个参数一样；第五个参数是指向 sockaddr 结构的指针，含有发送数据方的目标地址；最后一个参数为所指地址结构长度。

2.2 以太网帧的封装与发送

2.2.1 实验目的

(1) 理解局域网的体系结构、网络分层、网络协议和帧封装的概念和原理。
(2) 掌握以太网帧结构，理解以太网帧中各个字段的含义，掌握 CRC 校验方法。
(3) 进一步熟悉 C 语言或其他程序设计语言。

2.2.2 实验环境

硬件：运行 Windows 操作系统的计算机。
软件：C 语言或其他程序设计语言开发环境。

2.2.3 实验原理

1. 帧封装的概念

帧封装是数据链路层要解决的最基本问题之一。所谓帧封装，就是将上层协议数据单元放入帧的数据部分,实际上就是在上层协议数据单元前后添加帧首部和尾部,这样就构成了一个帧。图 2-4 给出了用帧首部和帧尾部封装成帧的一般概念。图中假设上层协议数据单元是 IP 数据报。一般数据链路层协议都规定了帧的数据部分的长度上限,即最大传输单元(Maximum Transfer Unit,MTU)。

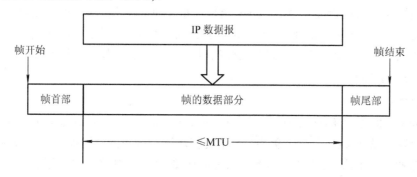

图 2-4 用帧首部和帧尾部封装成帧

2. 以太网 V2 的 MAC 帧结构

如 1.2.1 小节所述,以太网(Ethernet)帧格式如图 2-5 所示。

前导码	帧开始定界符	目的地址	源地址	类型	数据	FCS
7B	1B	6B	6B	2B	46~1500B	4B

图 2-5 以太网 V2 的 MAC 帧结构

前导码有 7 个字节,由交替出现的 1 和 0 组成,设置该字段的目的是指示帧的开始且便于网络中的接收器均能与到达帧同步。其后是 1 个字节的帧开始定界符,该字段的前 6 个比特位由交替出现的 1 和 0 构成,最后两个比特位是 11,这两位中断了同步模式并提醒接收器后面跟随的是帧数据。

在以太网 MAC 帧中 6 个字节的源地址和 6 个字节的目的地址字段用于放 MAC 地址。目的地址字段确定帧的接收者,源地址字段标识发送帧的工作站。2 个字节的类型字段用来标识上一层使用的是什么协议,以便接收方将接收到的 MAC 帧的数据交给这个协议。例如,如果类型字段值为 0x0800,则表示上层使用的是 IP 协议。数据字段长度范围在 46 到 1500 字节之间,如果传输数据少于 46 个字节,应将数据字段用 0 填充至 46 个字节。FCS 字段是用 CRC 计算出的 32 位校验序列。

3. 循环冗余校验原理

循环冗余编码(CRC)是一种重要的线性编码和解码方法,具有简单、检错能力强等特点,在计算机网络中广泛用于差错控制。

利用 CRC 进行检错时,发送端根据要传送的 k 位二进制码序列,以一定的规则产生一个校验用的 r 帧校验序列(Frame Check Sequence,FCS),附在原始信息的后边,构成一个新的二进制码序列(共 k + r 位),然后发送出去。在接收端,根据信息码和 CRC 码之间所遵循的规则进行检验，以确定传送中是否出错。

FCS 可以利用模 2 运算法则来计算。模 2 运算法则就是做加法运算时不进位，做减法运算时不借位，实际上等效于异或运算(XOR)。

设要校验的数据为 k 位二进制数 D，选定用做除数的 r+1 位二进制数 G，将 D 左移 r 位(即 $D \times 2^r$)，再使用模 2 运算的除法计算 $D \times 2^r/G$，得到 r 位的余数 F。余数 F 就是 FCS。发送端将 $D \times 2^r$ 加余数 F 作为最后发送的数据 T(即 $T = D \times 2^r + D \times 2^r/G$)。在接收端，将收到的数据 T 除以同样的除数 G，如果余数为 0 则没有错误，否则认为收到的数据有错。图 2-6 给出了一个用 CRC 模 2 运算法求 FCS 的例子，图中 D = 101001，G = 1101，计算得余数 F = 001。

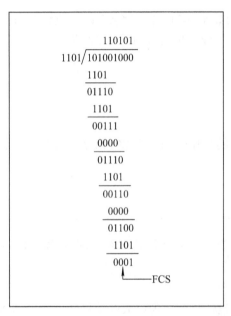

图 2-6　模 2 运算举例

FCS 的计算也可以使用多项式计算方法，此处不再赘述。在上述计算方法中，G 是经过了精心设计的生成多项式的系数。下面给出了几种典型的生成多项式，以太网中使用的生成多项式为 CRC-32。

• CRC-16(美国二进制同步系统中采用)：

$$G(X) = X^{16} + X^{15} + X^2 + 1$$

• CRC-CCITT(由欧洲 CCITT 推荐)：

$$G(X) = X^{16} + X^{12} + X^5 + 1$$

• CRC-32：

$$G(X) = X^{32} + X^{26} + X^{23} + X^{22} + X^{16} + X^{12} + X^{11} + X^{10} + X^8 + X^7 + X^5 + X^4 + X^2 + X^1 + 1$$

4. CRC 算法

计算帧校验码的 CRC 算法有多种，图 2-7 是一个计算 32 位校验码的 CRC-32 伪代码表示的算法。

```
定义 32 位寄存器 r32=0;
定义原始数据 input;
把原始数据左移 32 位 input<<=32;
While(input 数据没有处理完毕)
{
  If(r32 首位= =1)
  {
    R32<<=1;
     if(input 读入的数据==1)  {   将 r32 的低位设置=1；  }
     r32=r32 XOR 生成多项式系数的低 32 位
  }
  else
  {
     r32<<=1;
      if(input 读入的数据==1)  {   将 r32 的低位设置=1；ͭ }
  }
}
 return r32;
```

图 2-7　计算 32 位校验码的 CRC-32 伪代码

2.2.4　实验内容

用 C 语言或其他程序设计语言实现以太网帧封装程序，具体如下：

(1) 设计以太网 V2 的 MAC 帧结构的数据结构。

(2) 能够从文件中读取来自网络层的数据，并显示到屏幕上。

(3) 用模 2 运算方法由 CRC-32 函数得到 FCS。

(4) 加上帧首部和尾部组成发送帧。

(5) 将组成的发送帧显示到屏幕上并保存到一个输出文件中。

(6) 编写实验报告。实验报告包括实验目的、实验内容、基本原理、程序设计(如流程图)、程序实现(如相关数据结构、函数定义等)、测试运行结果，并提交实验报告附件(包括源程序文件和可执行文件)。

2.3　PING 程序设计与实现

2.3.1　实验目的

(1) 理解 IP 和 ICMP 的作用及两者间的关系和 PING 的工作原理。

(2) 掌握 IP 和 ICMP 的报文结构，理解报文中各个字段的含义。

(3) 掌握 PING 程序的实现方法。

(4) 掌握原始套接字的编程方法。

2.3.2　实验环境

硬件：运行 Windows 操作系统的两台联入网络的计算机。

软件：C 语言或其他程序设计语言开发环境。

2.3.3　实验原理

分组网间探测(Packet InterNet Groper，PING)程序用来探测主机与路由器之间的连通性。网络管理员或用户可以使用 PING 来发现网络的问题。要掌握 PING 的工作原理，就必须掌握 PING 所用到的 TCP/IP 协议族中的协议。

1．ICMP 协议

如 1.6.1 小节所述，网际控制报文协议 (Internet control message protocol, ICMP)是网络层的一个协议，它提供了传输差错报告报文和询问报文的功能。

本实验主要使用回送请求与应答报文，其报文格式如图 2-8 所示。报文前 4 个字节是统一的 ICMP 报文。当类型字段值为 8 时表示该报文为回送请求报文，类型字段值为 0 时表示该报文为回送应答报文。第 5 至 8 个字节由标识和序号两个字段组成，用来匹配请求和应答。

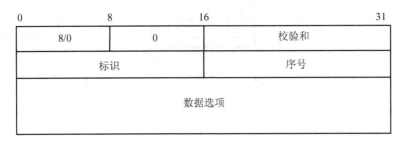

图 2-8　ICMP 回送请求与应答报文的格式

2．IP 报文格式

IP 数据报格式参见 1.4.1 节图 1-12。设计 PING 程序需要了解头部长度、生存周期(Time To Live，TTL)和协议字段。

头部长度，占 4 位，以 32 位(4 字节)为一个计数单位，存放着从版本开始到填充结束的报头的长度，最大数值是 15，即表示报头最大长度为 60 字节；生存周期，占 8 位，为了防止无法交付的数据报在网络上循环，从而赋予 IP 数据报一定的寿命，每当 IP 数据报通过一次路由器时，进行一次减 1 操作，当 TTL 值为 0 时，则丢弃 IP 数据报；协议字段，占 8 位，指出数据报中携带的数据要交给哪一种协议，协议类型为 1 时为 ICMP 报文。

3．网际校验和算法

网际校验和算法是一种简单的校验算法，广泛地应用于因特网中，例如 IP、ICMP、IGMP、UDP 和 TCP 中均使用该算法来进行数据的校验。在发送方，先将要校验的数据划分为 16 位字的序列，如果数据字节长度为奇数，则在数据末尾要填充一个字节的 0，由于检验和数据本身也要参与运算，因此检验和数据先填 0，然后对 16 位字进行累加运算。在每次累加运算时，如果中间位有进位，则加到下一列，如果累加得到的结果中最高位有进位，则将累加结果加 1，此计算方法也称二进制反码运算法。累加完成后，将最后累加结果按位取反填入校验和字段。接收方收到数据后将收到的数据划分为 16 位字的序列，然后按上述二进制反码运算法对 16 位字进行累加运算。累加完成后，将最后累加结果按位取反，如果取反后的结果为 0 则没有差错，否则有错。图 2-9 给出了 IP 数据报首部校验计算原理。

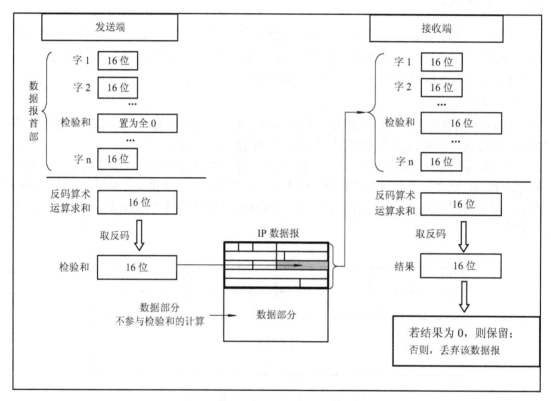

图 2-9   IP 数据报首部校验计算原理

4. PING 程序工作原理

PING 是利用 ICMP 协议的回送请求与回送应答报文实现的，PING 程序发送 ICMP 回送请求消息给目的节点，目的节点必须返回 ICMP 回送应答消息给发送请求的源节点。因为 ICMP 报文是封装在 IP 分组中发送的，如果源节点在一定时间内收到应答报文，说明源节点和目的节点之间可以使用 IP 分组通信，则认为目的节点可达。如果源节点收不到应答报文，则认为目的节点不可达。

图 2-10 给出 PING 程序运行的结果。图中第一行表示以 MS-DOS 命令行方式运行 PING 程序，目的主机 IP 地址为 202.102.48.141。下面以此结果为例说明 PING 程序的工作原理。

首先，PING 命令会构建一个 ICMP 回送请求数据报文，然后由 ICMP 协议将这个数据报文连同地址"202.102.48.141"一起交给 IP 层协议，IP 层协议将以此地址作为目的地址，本机 IP 地址作为源地址，将协议类型字段设置为 1，并加上一些其他的控制信息，构建一个 IP 数据报后交给网络接口层，网络接口层构造数据帧发送到网络中。地址为 202.102.48.141 的目的主机收到这个数据帧后，将 IP 数据包从帧中提取出来，交给本机的 IP 协议。IP 协议检查后，将有用的信息提取后交给 ICMP 协议，ICMP 协议处理后，马上构建一个 ICMP 应答报文，发送给源主机，其过程和源主机发送 ICMP 请求报文到目的主机一样。源主机的 PING 程序收到应答报文后，对其进行分析，获取相关信息，计算信号往返时间和统计结果。默认情况下，源主机会连续发送四个 ICMP 回送请求数据报文，根据接收情况进行统计分析，并将统计分析结果显示到屏幕，如图 2-10 所示。

```
C:>ping 202.102.48.141

    Pinging 202.102.48.141 with 32 bytes of data:

Reply from 202.102.48.141 bytes=32 time=33ms TTL=252

    Reply from 202.102.48.141 bytes=32 time=21ms TTL=252

    Reply from 202.102.48.141 bytes=32 time=5ms TTL=252

    Reply from 202.102.48.141 bytes=32 time=6ms TTL=252

Ping statistics for 202.102.48.141

Packets Sent=4 Received=4 Lost=0 0% loss

Approximate round trip times in milli-seconds

Minimum=5ms Maximum=33ms Average=16ms
```

图 2-10　PING 程序运行结果

从图 2-10 给出的 PING 程序运行结果可以看出，显示信息中包括目的主机的 IP 地址、TTL 和往返时间参数，IP 地址可以直接使用用户给出的数据，也可以从携带回送请求的 IP 数据报中的源 IP 地址字段获得，TTL 参数字段可以从返回 IP 数据报中的 TTL 字段获得，而往返时间则不能从报文字段中直接获取。一般可以在 ICMP 报文的数据区携带发送时间戳，在发送回送请求和接收到回送应答时通过获取时间函数获取时间，二者之差便是往返时间。

PING 程序收发完所有 ICMP 报文后，要对所有发送和所有接收的 ICMP 报文进行统计，从而计算 ICMP 报文丢失的比率，最大、最小和平均往返时间。为达此目的，可以定义相应的全局变量用于记录所需数据。例如，计算 ICMP 报文丢失的比率，先定义接收计数器和发送计数器两个全局变量，用于记录 ICMP 报文接受和发送数目，则丢失数目=发送总数-接收总数，丢失比率=丢失数目/发送总数。

5. 基于原始套接字的 PING 程序设计基本方法

基于 Socket 的应用程序大多数采用流式 Socket 和数据报式 Socket，但某些网络应用却只能用原始 Socket 来实现。例如，通过原始 Socket 来收发 ICMP、IGMP 的报文，捕获网络底层数据报，发送一些自定义的 IP 数据报，自定义的 IP 头、TCP 头等。

如果应用程序需要使用原始 Socket 通信，首先要调用 socket( )函数建立一个原始套接字。

SOCKET socket (AF_INET, SOCK_RAW, protocol);

前两个参数在 2.1 节已经解释，这里重点介绍第三个参数 protocol。该参数用来指明套接字所要接收的协议包，通常用"IPPROTO_"前缀后接相应协议名称的符号常量表示，表 2.2 给出了常用的协议符号常量及协议类型值。

表 2.2 常用的协议符号常量及协议类型值

符号常量	值	说　明
IPPROTO_IP	0	仿真 IP 协议
IPPROTO_ICMP	1	ICMP 协议
IPPROTO_IGMP	2	IGMP 协议
IPPROTO_TCP	6	TCP 协议
IPPROTO_UDP	17	UDP 协议
IPPROTO_ESP	50	首部为 ESP 的 IPsec 协议
IPPROTO_AH	51	首部为 AH 的 IPsec 协议
IPPROTO_RAW	255	原始 IP packet

使用 raw socket 接收数据时，系统内核接收到 IP 数据包后，首先检查 IP 数据包首部的 protocol 域，当该 IP 数据包的域值与 raw socket 的域值匹配时，就将数据包先传给 raw socket，然后交给相应的上层协议处理。因此，一般来说，raw socket 要想接收什么样的数据包，就应该在参数 protocol 里来指定相应的协议。当内核向 raw socket 交付数据包的时候，是包括整个 IP 头的，并且已经是重组好的 IP 包。

使用 raw socket 发送数据时，如果 raw socket 创建时的 protocol 不是 IPPROTO_IP 或 IPPROTO_RAW，并且没有设置 IP_HDRINCL 选项，则由系统自动构造 IP 数据包首部，编写代码时只需要将 IP 数据包的数据放入数据缓冲区，如果 IP_HDRINCL 选项置位，则需要自己构建 IP 头。

如果创建 protocol 为 IPPROTO_RAW 的 raw socket，此 raw socket 只能用来发送 IP 数据包，而不能接收任何的数据。发送的数据需要自己填充 IP 数据包首部，并且自己计算校验和。protocol 为 IPPROTO_IP 的 raw socket，用于接收任何的 IP 数据包，其中的校验和和协议分析由程序自己完成。

创建 Socket 后，可以使用 setsockopt( )函数来设置 Socket 选项值，关于选项设置可以参考 2.1 节。

设置 Socket 选项后，需要构造相应协议的报文。本实验需要构造 IP 数据包和 ICMP 报文。本实验主要填充 ICMP 报文相关字段内容并计算校验和，类型字段为 8，序号为 0，一般标识字段可以填写发送的回送请求报文的进程标识符，序号字段值可以填写本进程发送的回送请求报文的顺序号，然后计算校验和并填入相应字段，数据字段可以填写发送时间。构造好的 ICMP 报文就是 IP 数据包的数据字段内容，本实验由系统自动添加 IP 数据包首部。如果要手动填写 IP 包头相关字段，则要使用 setsockopt( )函数设置 IP_HDRINCL 属性。

如上述构造好要发送的数据包后，就可以利用所创建的原始套接字发送或者接收数据了。原始套接字也可以调用 bind( )和 connect( )函数进行地址绑定。如果用 bind( )函数将原始套接字绑定了一个 IP 地址，那么操作系统内核只将目的地址为绑定 IP 地址的数据包传递给原始套接字。如果原始套接字调用了 connect( )函数，则操作系统内核只将源地址为 connect( )连接的 IP 地址的 IP 数据包传递给该原始套接字。如果原始套接字没有调用 bind 和 connect 函数，则操作系统内核会将所有匹配的 IP 数据包传递给这个原始套接字。

2.3.4　实验内容

用 C 语言或其他语言实现 PING 程序，具体如下：

(1) 设计 IP 数据包和 ICMP 报文头的数据结构。

(2) 构造 ICMP 回送请求报文，计算校验和，将校验和填入报文相应字段位置，将 ICMP 回送请求报文封装到 IP 数据报中，并利用原始套接字发送。

(3) 从原始套接字接收含有 ICMP 回送应答报文的 IP 数据包，分析所收到的数据，从中得到 IP 地址、TTL、发送和接收的时间，计算往返时间等，并将统计、计算结果显示到屏幕。

(4) 编写实验报告。实验报告包括实验目的、实验内容、基本原理、程序设计(如流程图)、程序实现(如相关数据结构、函数定义等)、测试运行结果，并提交实验报告附件(包括源程序文件和可执行文件)。

2.4　本地计算机网络信息的获取

2.4.1　实验目的

(1) 掌握本地计算机网络信息所包含的内容及其作用。

(2) 掌握 C++或其他程序设计语言中获取本地计算机网络信息相关函数的使用。

(3) 掌握 Socket 函数获取本地计算机网络信息的方法。

2.4.2　实验环境

硬件：运行 Windows 操作系统的计算机。

软件：VC++ 或其他程序设计语言开发环境。

2.4.3　实验原理

在编写网络应用程序时，常需要获取运行应用程序的本地计算机网络的相关信息，这些信息包括：主机名、域名、IP 地址、子网掩码、网关、MAC 地址等。

下面以 VC++ 为例介绍获取上述信息的方法。

1. 获取本地主机名、域名和 DNS 服务器信息

主机名又称为计算机名，是一个用来标识本地网络中的计算机的字符串，用来区别本地网络中不同的计算机，用户可以在网络邻居里通过计算机名来查看不同机器中的共享资源。

域名系统(Domain Name System，DNS)提供域名和 IP 地址之间的转换。域名和 IP 地址

之间的转换工作称为域名解析，域名解析需要由专门的域名解析服务器来完成。本实验中要求获取的 DNS 信息是指计算机中设置的进行域名解析的服务器的 IP 地址。

获取本地主机名、域名和 DNS 服务器信息可以使用 GetNetworkParamsInfo( )函数来实现，其格式如下：

DWORD GetNetworkParamsInfo(PFIXED_INFO pFixedInfo, PULONG pOutBufLen);

其中，pFixedInfo 为指向 FIXED_INFO 结构的指针，该结构是用来获取本地计算机的网络参数；pOutBufLen 为指向一个 ULONG 变量的指针，该变量指向 pFixedInfo 结构的大小。

保存本地主机名、域名和 DNS 服务器信息的结构体：

```
typedef struct {
    char HostName[MAX_HOSTNAME_LEN + 4];        //本地计算机的主机名
    char DomainName[MAX_DOMAIN_NAME_LEN+4]; //本地计算机注册到域的名称
    PIP_ADDR_STRING CurrentDnsServer;           // 预留变量
    IP_ADDR_STRING DnsServerList;    // 指定本地计算机上定义的 DNS 服务器列表
    UINT NodeType;                   // 本地计算机的节点类型
    char ScopeId[MAX_SCOPE_ID_LEN + 4];            // DHCP 域名
    UINT EnableRouting;              // 指定本地计算机是否启用了路由的功能
    UINT EnableProxy;                // 指定本地计算机是否为 ARP 代理
    UINT EnableDns;                  // 指定本地计算机是否启用了 DNS
} FIXED_INFO, *PFIXED_INFO;
```

2. 获取 IP 地址、子网掩码、网关、MAC 地址信息

网络适配器又称为网卡，是连接主机和网络的物理接口，适配器的 ROM 中存储了 MAC 地址。MAC 地址是一种物理地址，又称为硬件地址或网卡地址，用来标识物理网络中的主机，主机只能接收目的 MAC 地址与本机的 MAC 地址相同的数据帧。

多个网络通过网络设备互联起来就构成了互联网，因特网是目前使用得最广泛的一个互联网络，它使用 TCP/IP 协议通信。由于不同类型的物理网络所使用的物理地址不兼容，为了标识因特网中的主机接口，因特网中使用了一种统一的逻辑地址，该地址被称为 IP 地址。

IP 地址是一个 32 位的二进制数，由网络前缀和主机部分构成，子网掩码也是一个 32 位的二进制数，用来区分 IP 地址的网络前缀和主机部分，常用来计算 IP 地址的网络前缀部分。网络中的一台主机向网络中发送数据时，如果目的地不是本地物理网络中的主机，则首先需要发到一个交换机或路由器中，然后由该设备向下一站转发，我们称这个设备为默认网关，简称网关。

一般因特网中的主机要与网络中的其他主机通信，需要手动设置本主机的 IP 地址、子网掩码、网关的 IP 地址、DNS 服务器的 IP 地址等网络配置信息，或者由主机自动获取上述信息。

要查看网络配置信息可以使用 ipconfig 命令，或者通过控制面板查看网络连接中的 TCP/IP 属性，也可以自己编写应用程序来获取本地的网络配置信息。要编程获取 IP 地址、子网掩码、网关、MAC 地址等信息可以使用 GetAdaptersInfo( )函数，其格式如下：

DWORD GetAdaptersInfo(PIP_ADAPTER_INFO pAdapterInfo; PULONG pOutBufLen);

其中 pAdapterInfo 是指向 IP_ADAPTER_INFO 结构体的指针，用来存放获取到的网络

适配器的信息，pOutBufLen 是指向一个 ULONG 变量的指针，表示 pAdapterInfo 结构的大小。

网络适配器的信息的结构体如下：

```
typedef struct _IP_ADAPTER_INFO {
    struct _IP_ADAPTER_INFO* Next; //指定网络适配器链表中的下一个网络适配
                                        器，由于一台电脑可能有多个网卡，所以是
                                        链表结构
    DWORD ComboIndex;                   //预留变量
    char AdapterName[MAX_ADAPTER_NAME_LENGTH+4]; //网络适配器的名称
    char Description[MAX_ADAPTER_DESCRIPTION_LENGTH+4]; //网络适配器的
                                                            描述信息
    UINT AddressLength;             //网络适配器 MAC 的长度
    BYTE Address[MAX_ADAPTER_ADDRESS_LENGTH]; //网络适配器的MAC地址
    DWORD Index;                    //网络适配器索引(重启计算机会改变的值)
    UINT Type;                      //网络适配器的类型
    UINT DhcpEnabled;               //指定该网络适配器上是否启用了 DHCP
    PIP_ADDR_STRING CurrentIpAddress; //预留变量
    IP_ADDR_STRING IpAddressList; //与此网络适配器上相关联的 IP 地址列表
    IP_ADDR_STRING GatewayList;   //该网络适配器上定义的 IP 地址的默认网关
    IP_ADDR_STRING DhcpServer; //该网络适配器上定义的 DHCP 服务器的 IP 地址
    BOOL HaveWins;                  //标明该网络适配器是否启用了 WINS
    IP_ADDR_STRING PrimaryWinsServer; //主 WIN 服务器的 IP 地址
    IP_ADDR_STRING SecondaryWinsServer;  //从 WINS 服务器的 IP 地址
    time_t LeaseObtained; //当前的 DHCP 租借获取的时间,只有在启用 DHCP 时生效
    time_t LeaseExpires; //当前的 DHCP 租借失败的时间,只有在启用 DHCP 时生效
} IP_ADAPTER_INFO, *PIP_ADAPTER_INFO;
typedef struct _IP_ADDR_STRING
{        //存储一个 IP 地址和其相应的子网掩码,同时作为点分十进制的字符串
    struct _IP_ADDR_STRING* Next; //由于一个网卡可能有多个IP，故为链表结构
    IP_ADDRESS_STRING IpAddress;
    IP_MASK_STRING IpMask;
    DWORD Context;
} IP_ADDR_STRING, *PIP_ADDR_STRING;
```

2.4.4　实验内容

用 VC++ 或其他程序设计语言实现获取本地计算机网络信息的程序，具体要求如下：

(1) 程序获取的信息包括主机名、域名服务器地址、主机 IP 地址、子网掩码、网关地址、MAC 地址。

(2) 用户可以选择所需获取的信息。

(3) 能将获取的信息显示到屏幕上。

(4) 编写实验报告。实验报告包括实验目的、实验内容、基本原理、程序设计(如流程图)、程序实现(如相关数据结构、函数定义等)、测试运行结果，并提交实验报告附件(包括源程序文件和可执行文件)。

2.5　IP 分组转发的模拟

2.5.1　实验目的

(1) 进一步理解 IP、ICMP、路由器、路由协议、ARP、CSMA/CD 工作原理及其关系。

(2) 理解路由表和转发表的概念及其关系，掌握相关路由查找算法。

(3) 掌握 IP 分组转发流程。

(4) 进一步熟悉 C 语言或其他程序设计语言。

2.5.2　实验环境

硬件：运行 Windows 操作系统的计算机。

软件：C 或其他程序设计语言开发环境。

2.5.3　实验原理

IP 分组转发是指路由器为某个网络接口接收到的 IP 分组选择能够到达目的地的另一个网络接口，并向该网络接口转发的过程。IP 分组转发过程要对 IP 分组中相关字段进行处理，查找转发表，并涉及到 ICMP、ARP 等协议。

1. 路由器及其工作原理

路由器是一种工作在网络层的互联设备，其主要作用是在网络层互联不同的网络，完成路由选择、分组转发等功能。路由器是一个多端口设备，每个端口至少配置唯一的 IP 地址，可连接一个网段。

如图 2-11 所示，路由器有两个主要的功能：路由选择和分组转发。路由选择部分的核心部件是路由选择处理器，其主要作用是运行路由选择协议来构造和维护路由表。分组转发部分由交换结构和若干输入输出端口构成，图 2-11 中输入和输出端口中标有 1 或 2 或 3 的方框分别表示物理层、数据链路层和网络层处理模块。交换结构根据转发表对分组进行处理，将某个输入端口进入的分组从一个合适的端口转发出去。

当某个输入端口的物理层从传输介质上接收到数据后，首先将其交给数据链路层，数据链路层完成差错控制，然后去掉帧首部和尾部得到 IP 分组，再将 IP 分组递交给网络层的输入队列中排队等候处理。当分组排到队列首部，交换结构将对其进行处理(处理流程参照图 2-12)，然后根据处理结果转发到合适的输出端口。输出端口首先将分组缓存到输出队列中，然后交给数据链路层进行相应处理，加上帧首部和尾部，最后通过物理层发送到传输介质。这样就完成了整个 IP 分组的转发。本实验要求完成图 2-11 中交换结构处理 IP 分组的流程。

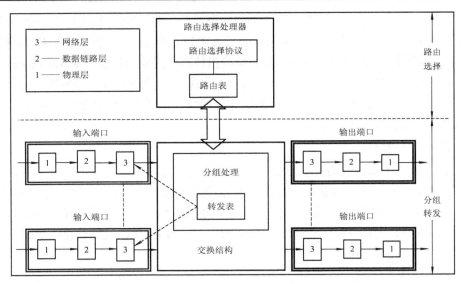

图 2-11   路由器结构

从输入缓冲区中获取一个分组；
将分组中的 TTL 字段值减 1；
if(TTL<=0)
 {丢弃分组；调用 ICMP 报告相应差错；}
else
 {检验校验和；
 if(校验和检验出错)
     {丢弃分组；调用 ICMP 报告相应差错；}
 else
     {从分组的首部中取出目的主机的 IP 地址 D；
     将 D 和此路由器直连网络的子网掩码进行与运算，得出目的网络地址 N；
     if（N 和此路由器直连相连的某个网络地址匹配）
         进行直接交付；
     else if（转发表中存在目的地址为 D 的特定主机路由）
             将分组交给表中指定的下一跳路由器；
         else
             对转发表中每一行
                 {进行 D 和子网掩码相与运算；
                 if（运算结果与该行的目的网络地址匹配）
                     将分组交给表中指明的下一跳路由器；
                 else if（转发表中有默认路由）
                         将分组交给表中指明的默认路由器；
                     else
                         {丢弃分组；调用 ICMP 报告相应差错；}
                 }
         }
     }
 }

图 2-12   IP 分组转发伪代码

图 2-11 中的路由表和转发表是两个不同的表，具有不同的作用。路由表是路由选择协议根据网络拓扑结构与其他路由器交换相关信息得到的结果，其内容是目的 IP 网络到下一跳 IP 地址的映射，路由表的内容不足以支持路由转发所需要的信息。而转发表是在路由表的基础上构建的，除了包含路由表中的信息外，还包含了完成转发所必须的全部信息，例如目的 IP 地址、子网掩码、下一站 IP 地址、端口号、下一跳 MAC 地址、最大传输单元等。IP 分组转发是根据转发表来完成的。

2. IP 分组转发算法

图 2-12 给出了用伪代码表示的 IP 分组转发算法。算法中"检验校验和"采用网际校验和算法，参见 2.3.3 节。因为程序只是模拟 IP 分组转发，所以，"丢弃分组；调用 ICMP 报告相应差错"以及"向下一跳转发"等可以在屏幕上输出相关信息模拟即可，转发表也可以简化，表项只需要包含目的地址、子网掩码、下一跳地址以及路由器接口即可。

2.5.4 实验内容

用 C 语言或其他程序设计语言实现 IP 分组转发模拟程序，具体如下：

(1) 设计 IP 数据包、转发表等数据结构。

(2) 程序能模拟图 2-11 所示的 IP 分组转发过程。

(3) 程序能显示转发是否成功，如果成功，显示转发端口或者下一跳地址，如果不成功则显示相应错误信息。

(4) 编写实验报告。实验报告包括实验目的、实验内容、基本原理、程序设计(如流程图)、程序实现(如相关数据结构、函数定义等)、测试运行结果，并提交实验报告附件(包括源程序文件和可执行文件)。

2.6 滑动窗口协议的模拟

2.6.1 实验目的

(1) 进一步理解 TCP 协议的工作原理。

(2) 掌握停等协议、连续 ARQ 协议和选择重传协议的原理。

(3) 掌握实现 TCP 可靠传输和流量控制的方法——以字节为单位的滑动窗口。

(4) 进一步熟悉 C 语言或其他程序设计语言。

2.6.2 实验环境

硬件：运行 Windows 操作系统的计算机。

软件：C 或其他程序设计语言开发环境。

2.6.3 实验原理

滑动窗口协议是一种用于数据可靠传输和流量控制的协议，多用于数据链路层和传输层，本节先介绍可靠传输的一般方法，然后以传输层为例介绍传输层滑动窗口协议的实现方法。

1. 可靠传输的一般方法

可以从两个方面来理解可靠性，一是发送方发送的数据接收方要能按序收到，二是要保证接收方收到的数据是没有差错的。后者常使用在传输数据中加入冗余校验码的方法来实现，而前者可以使用停等协议、滑动窗口协议等来实现。下面我们以数据链路层为例说明停等协议和滑动窗口协议的工作原理。

停等协议是指发送方每发送一帧，同时启动一个超时定时器，然后等待对方收到帧的应答。如果在超时定时器到时前收到对方应答，则发送下一帧，如果超时定时器到时还没有接收到对方的应答，则重发该帧。停等协议虽然简单，但传输效率低。

为了提高传输效率，发送方可以一次连续发送多帧而不是一次发送一帧，一次可以连续发送多少帧与收发双方的缓冲区等因素有关，滑动窗口协议可以用来控制一次发送帧的数量。

滑动窗口协议的工作机制是，在发送方维持一个发送窗口，发送窗口表示发送方允许连续发送的帧的序号，在接收方维持一个接收窗口，接收窗口表示允许接收的帧的序号。窗口的大小就是可以发送或者接收的帧的最大个数。只有帧序号在发送窗口中的帧才能被发送，只有帧序号在接收窗口的帧才能被接收。发送方收到接收方发来的应答帧，则发送窗口中的帧序号会发生变化，由于窗口是朝着新增帧序号(前进)方向变化，因此一般将这种变化称为窗口滑动。收到一个帧应答，则窗口朝前滑动一个序号，收到 N 个帧的应答，则窗口朝前滑动 N 个序号，新进入窗口中的帧序号对应的帧可以被发送。同样，接收窗口在将帧交到网络层后，也会滑动接收窗口，这样，缓冲区新收到帧的序号落在接收窗口内就可以被接收方接收了。

根据超时重传的方式不同滑动窗口协议可以分为 Go-back-N(回退 N)协议和选择重传协议。Go-back-N 又称为连续 ARQ 协议，当因发送出去的若干帧中的某个帧出错被丢弃而出现超时，发送方必须重传出错帧以及出错帧后面所有被发送出去的帧。如果链路质量很差，会大大降低 Go-back-N 协议的传输效率。在这种情况下可以使用选择重传协议，在选择重传协议中，当因发送出去的若干帧中的某个帧出错被丢弃而出现超时，发送方只须重传出错帧即可。选择重传协议虽然传输效率高，但实现复杂。

2. TCP 滑动窗口实现

TCP 中的滑动窗口是一种以字节为单位的动态滑动窗口，用于 TCP 的可靠传输和流量控制。动态滑动窗口是指发送窗口和接收窗口的大小不是固定的，而是根据传输时网络和接收方的实际情况变化，采用动态窗口是为了方便流量控制和拥塞控制。

TCP 协议中要用到三个窗口，即发送窗口、接收窗口和拥塞窗口。发送窗口是允许连续发送的字节序号，其大小规定了可以发送的最大字节数，接收窗口是可以接收的字节序号，其大小规定了可以接收的最大字节数，而拥塞窗口用来表示网络的拥塞程度。发送窗口的大小取决于拥塞窗口的大小和对方接收窗口的大小，不能大于二者中较小的那个窗口的大小。TCP 协议通信的双方都有一个发送窗口和接收窗口，可以同时发送和接收。下面我们用一个例子说明 TCP 滑动窗口原理。

为了便于说明，此处不讨论拥塞控制，即发送窗口取决于对方接收窗口。我们假定数据传输只是单方向进行，即主机 A 向 B 发送数据，B 收到数据后给出确认。现假定 A 收到了 B 发来的确认报文段，其中发送窗口值的大小为 15 个字节，此时的确认号是 31，这表示 B 期望收到的下一个序号是 31 并且到序号 30 为止的数据已经全部收到了，根据发送窗口的大小和确认号，发送方 A 构造出自己的发送窗口，如图 2-13 所示。

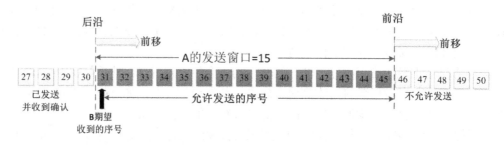

图 2-13　发送窗口值

从上面的图中可以看出，发送端能够发送的序号就是在 A 的发送窗口内的序号。发送窗口前沿的序号代表不允许发送的数据，因为接收方的缓存空间不够大没有为这部分数据预留存放的空间。发送窗口后沿的数据则表示 A 已经发送出去的并且已经收到了来自 B 的确认报文段，因此这部分数据也不需要再被保留。

现在假定应用程序交给传输层序号 31～39 的数据，则主机 A 发送了序号 31～39 的数据。如图 2-14 所示，发送窗口位置并未改变，但发送窗口内靠前面的 6 个字节(40～45)是允许发送但还没有发送出去的。

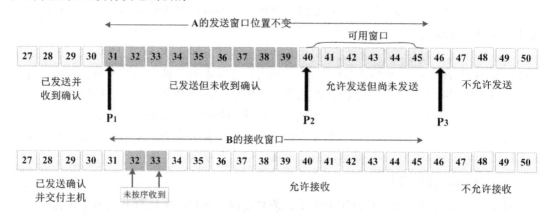

图 2-14　A 发送了 9 个字节的数据

从图 2-14 可以看出，需要设置 P1、P2、P3 三个指针才能够详细地描述一个发送窗口的状态。这三个指针都指向报文段中字节的序号。指针的含义如下：

P3-P1=A 的发送窗口。

P2-P1=已发送但还没有收到确认的字节数。

P3-P2=可以被发送端发送但还没有被发送的字节大小。

如图 2-15 所示，现假设 B 已经收到了序号为 31 的数据，并把 31～33 的数据交给主机，接下来 B 就删除这些数据，紧接着把接收窗口向前移动 3 个序号并且给 A 发送确认。其中窗口的值仍然为 15，但确认号变为了 34。这表明 B 已收到了到序号 33 为止的所有数据。

B 还收到了 37，38 的数据，但这些都没有按序到达，只能先暂存在接收窗口中，当 A 收到 B 的确认之后，A 就可以把发送窗口往前滑动 3 个序号，而 P2 所指向的位置不会变。可以看出，现在 A 的可用窗口增大了，可发送序号范围是 40～49。

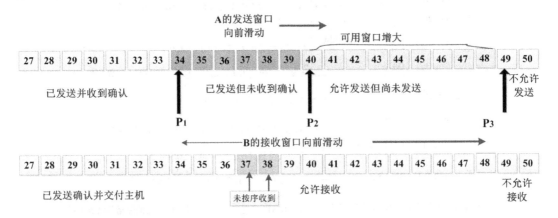

图 2-15　发送窗口向前滑动

如图 2-16 所示，A 在继续发送完序号 40～48 的数据后，指针 P2 会向前移动并且和指针 P3 重合。此时，发送窗口内已经没有可以利用的序号，同时发送端也并没接到接收端发来的确认信息。由于 A 的窗口值已经为零，它的发送窗口已经不能装下任何数据，因而不能发送数据。A 在经过一段时间后(由超时计时器控制)如果没有收到 B 的确认就重传这部分数据，重新设置超时计时器，直到收到 B 的确认为止。如果 A 收到确认号是发送窗口内的序号，则 A 的发送窗口可以继续向前滑动，并发送新的数据。

图 2-16　发送窗口已满

3. 利用滑动窗口实现流量控制

TCP 流量控制是利用滑动窗口机制让发送方的发送速率提高但也不要过快，要让接收端来得及接收，避免数据的丢失。我们用图 2-17 所示的例子来说明流量控制的原理，此例中认为发送窗口的大小由对方接收窗口决定，不考虑拥塞窗口。

假设 PC-A 向 PC-B 发送数据，在建立连接的时候，接收端 B 向 A 通告其接收窗口大小是 rwnd=400。发送方的发送窗口大小必须要小于或等于接收方的接收窗口大小值。假设所有报文段的大小统一都设置为 100 个字节，数据报文段序号的初始值为 1。图 2-17 中大写的 ACK 存储的是首部中的确认位 ACK，小写的 ack 存储的是确认字段的值。

接收端的主机 B 在传输数据的过程中一共采取了三次流量控制。首先，B 将窗口减小到 rwnd=300，然后将窗口减小到 rwnd=100，最终将窗口减小到 0，即不允许发送方传输数据了。

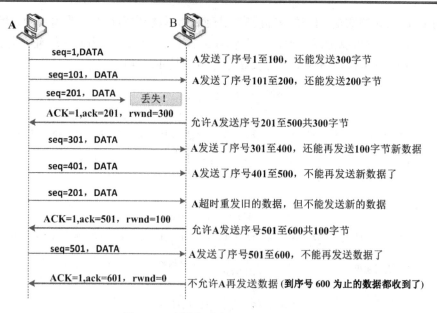

图 2-17　利用滑动窗口进行流量控制

2.6.4　实验内容

用 C 语言或其他程序设计语言编程模拟实现基于滑动窗口的流量控制,具体内容如下:

(1) 使用基于 Socket 的程序设计方法设计发送方滑动窗口和接收方滑动窗口程序。

(2) 程序能够实现图 2-17 给出的滑动窗口流量控制过程。

(3) 程序能显示与滑动窗口流量控制过程的相关信息,如收发窗口的变化情况,每次发送字节的情况,应答情况等。

(4) 编写实验报告。实验报告包括实验目的、实验内容、基本原理、程序设计(如流程图)、程序实现(如相关数据结构、函数定义等)、测试运行结果,并提交实验报告附件(包括源程序文件和可执行文件)。

2.7　简单聊天程序的设计与实现

2.7.1　实验目的

(1) 掌握 Socket 程序设计方法。

(2) 掌握基于 Socket 的聊天程序设计方法。

(3) 进一步熟悉 C 语言或其他程序设计语言。

2.7.2　实验环境

硬件:运行 Windows 操作系统的计算机。

软件:C 语言或其他程序设计语言开发环境。

2.7.3　实验原理

聊天程序是指能提供两人或多人聊天的应用程序，常见的聊天程序有 QQ、MSN 等。下面以 QQ 聊天程序为例说明聊天程序的工作原理。

QQ 聊天程序采用的是 C/S 通信模式，在数量关系上，服务器和客户之间有一对一(即一个服务器端程序和一个客户端程序之间通信)、一对多(即一个服务器端程序和多个客户端程序之间通信)和多对多(即多个服务器端程序和多个客户端程序之间通信)模式。所谓服务器端程序、客户端程序是相对的概念，有时在一个程序中既有服务器端又有客户端的功能。通常 QQ 聊天程序的服务器端程序安装在腾讯公司的服务器上，而客户端程序安装在 QQ 用户的计算机上。当一个客户要与另一个客户聊天时，一种解决办法是第一个客户先把聊天数据发送给服务器，然后服务器再把聊天数据转发给第二个客户，服务器好像一个中转站。这在客户数量比较少时，服务器还能承受，在客户数量比较多时，特别是在客户之间传送文件、语音聊天、视频聊天等信息时，服务器就成为了瓶颈，不能满足大量用户并发聊天的要求。为了减少服务器的压力，各客户端之间需要直接通信。现在的 QQ 一般采用下列通信模式。

(1) 一对多模式。在服务器端和客户端之间用客户端程序登录，验证用户密码，获取在线好友信息等等。

(2) 多对多模式。在客户端和客户端之间，在线好友直接通信聊天。此时每个客户端程序上既有实现服务器端功能的部分，又有实现客户端功能的部分，前者用于接收聊天数据，后者用于发送聊天数据。

用 C/S 模式进行通信时，作为客户端在请求与服务端连接时需要知道服务器端的 IP 地址和端口号，腾讯公司的服务器具有固定的公网地址，因此客户能够很方便地获取服务器相关信息。但是在客户端和客户端之间通信时，用户的 IP 地址和端口号不是固定的，那么某个用户要与另一个用户连接时，怎么知道对方的 IP 地址呢？这个问题可以这样解决，当某个用户登录到 QQ 时，QQ 服务器端会获得该上线用户的 IP 地址和端口号信息，然后告知其他要与该上线用户聊天的用户，其他用户就可以连接该用户并可以与之直接通信了。

本实验需要掌握 Socket 网络程序设计方法，关于 Socket 网络程序设计方法参见 2.1 节。

2.7.4　实验内容

用 C 语言或其他程序设计语言实现一个简单的聊天程序，具体如下：

(1) 使用基于 Socket 的程序设计方法设计聊天客户端和服务器端程序。

(2) 程序至少能够实现传输文字信息的功能。

(3) 能够实现多人聊天功能。

(4) 编写实验报告。实验报告包括：实验目的、实验内容、基本原理、程序设计(如流程图)、程序实现(如相关数据结构、函数定义等)、测试运行结果，并提交实验报告附件(包括源程序文件和可执行文件)。

第3章　网络安全编程

本章主要介绍与网络安全相关的程序设计，主要包括：对称 DES、非对称密钥 RSA、简单端口扫描器、活动主机探测工具、简单网络嗅探器以及网络流量统计工具的设计与实现。本章内容可以作为综合型实验或者计算机网络课程设计的内容。

3.1　DES 算法的实现

3.1.1　实验目的

(1) 掌握经典对称密码算法 DES 的加密解密原理。

(2) 编程实现 DES 算法。

(3) 进一步熟悉 C 语言或其他程序设计语言。

3.1.2　实验环境

硬件：运行 Windows 操作系统的计算机。

软件：C 语言或其他程序设计语言开发环境。

3.1.3　实验原理

DES 算法，又被称为美国数据加密标准，是 1972 年美国 IBM 公司研制的对称密码算法。DES 算法将明文按 64 位进行分组，密钥长度为 64 位，实际有效长度为 56 位，其余 8 位用作奇偶校验，每个明文分组和 56 位密钥用按位替代或交换的方法形成密文分组。DES 算法过程主要包括子密钥生成和分组处理两部分。

1. 子密钥生成

从用户处获得 64 位密钥，再分为 8 个分组其中每组第 8 位为校验位。为使密钥有正确的奇偶校验，每个密钥要有奇数个 "1" 位。密钥处理的目的是生成 16 个子密钥，用于分组处理，具体生成方法如下。

首先，舍弃 64 位密钥中的奇偶校验位，根据表 3.1 的选择置换 1(PC-1)进行变换，得到 56 位的实际密钥。表 3.1 中的数表示输入比特序列(64 位密钥)的位置号，通过该表实现比特序列的重新排列，形成新的比特序列。本实验中，后续同类型表的含义均与此相同。

然后，将变换后的密钥等分成两部分，前 28 位记为 C[0]，后 28 位记为 D[0]。从 $i=1$ 开始，分别对 C[i – 1]和 D[i – 1]进行循环左移，生成 C[i]和 D[i]。每次循环左移位数如表 3.2 所示。

表 3.1 选择置换 1 (PC-1)

57	49	41	33	25	17	9
1	58	50	42	34	26	18
10	2	59	51	43	35	27
19	11	3	60	52	44	36
63	55	47	39	31	23	15
7	62	54	46	38	30	22
14	6	61	53	45	37	29
21	13	5	28	20	12	4

表 3.2 循 环 左 移

循环次数 i	1	2	3	4	5	6	7	8	9	10	11	12	13	14	15	16
左移位数	1	1	2	2	2	2	2	2	1	2	2	2	2	2	2	1

最后，将 C[i]和 D[i]串联起来，得到一个 56 位数，然后按表 3.3 的选择置换 2(PC-2)进行变换，即得第 i 个 48 位子密钥 K[i]，总共 16 个。

表 3.3 选择置换 2 (PC-2)

14	17	11	24	1	5
3	28	15	6	21	10
23	19	12	4	26	8
16	7	27	20	13	2
41	52	31	37	47	55
30	40	51	45	33	48
44	49	39	56	34	53
46	42	50	36	29	32

2. 分组处理

将数据按 64 位分成若干个分组，不够 64 位的以补零方式填充。每个 64 位分组按表 3.4 所示的初始置换(IP)进行变换。

表 3.4 初始置换(IP)

58	50	42	34	26	18	10	2
60	52	44	36	28	20	12	4
62	54	46	38	30	22	14	6
64	56	48	40	32	24	16	8
57	49	41	33	25	17	9	1
59	51	43	35	27	19	11	3
61	53	45	37	29	21	13	5
63	55	47	39	31	23	15	7

将变换后的分组等分成前后两部分，前 32 位记为 L[0]，后 32 位记为 R[0]。然后开始进行 16 轮迭代，每轮迭代的计算方法如下：

① 根据表 3.5 所示的扩展函数 E，将 32 位 R[i-1]扩展成 48 位，然后与子密钥 K[i]进行异或运算(从 i=1 开始)。

表 3.5　扩展函数 E

32	1	2	3	4	5
4	5	6	7	8	9
8	9	10	11	12	13
12	13	14	15	16	17
16	17	18	19	20	21
20	21	22	23	24	25
24	25	26	27	28	29
28	29	30	31	32	1

② 把所得的 48 位数分成 8 个 6 位数。第 i 个 6 位数的第 1 位和第 6 位组合起来作为行号，第 2 位到第 5 位组合起来作为列号，然后查找表 3.6 所示的第 i 个 S 盒，找到对应的数，即为输出的 4 位数。最后，8 个 4 位数连接起来组成 32 位数。

表 3.6(a)　第 1 个 S 盒(S[1])

S1	0	1	2	3	4	5	6	7	8	9	10	11	12	13	14	15
0	14	4	13	1	2	15	11	8	3	10	6	12	5	9	0	7
1	0	15	7	4	14	2	13	1	10	6	12	11	9	5	3	8
2	4	1	14	8	13	6	2	11	15	12	9	7	3	10	5	0
3	15	12	8	2	4	9	1	7	5	11	3	14	10	0	6	13

表 3.6(b)　第 2 个 S 盒(S[2])

S2	0	1	2	3	4	5	6	7	8	9	10	11	12	13	14	15
0	15	1	8	14	6	11	3	4	9	7	2	13	12	0	5	10
1	3	13	4	7	15	2	8	14	12	0	1	10	6	9	11	5
2	0	14	7	11	10	4	13	1	5	8	12	6	9	3	2	15
3	13	8	10	1	3	15	4	2	11	6	7	12	0	5	14	9

表 3.6(c)　第 3 个 S 盒(S[3])

S3	0	1	2	3	4	5	6	7	8	9	10	11	12	13	14	15
0	10	0	9	14	6	3	15	5	1	13	12	7	11	4	2	8
1	13	7	0	9	3	4	6	10	2	8	5	14	12	11	15	1
2	13	6	4	9	8	15	3	0	11	1	2	12	5	10	14	7
3	1	10	13	0	6	9	8	7	4	15	14	3	11	5	2	12

表 3.6(d)　第 4 个 S 盒(S[4])

S4	0	1	2	3	4	5	6	7	8	9	10	11	12	13	14	15
0	7	13	14	3	0	6	9	10	1	2	8	5	11	12	4	15
1	13	8	11	5	6	15	0	3	4	7	2	12	1	10	14	9
2	10	6	9	0	12	11	7	13	15	1	3	14	5	2	8	4
3	3	15	0	6	10	1	13	8	9	4	5	11	12	7	2	14

表 3.6(e)　第 5 个 S 盒(S[5])

S5	0	1	2	3	4	5	6	7	8	9	10	11	12	13	14	15
0	2	12	4	1	7	10	11	6	8	5	3	15	13	0	14	9
1	14	11	2	12	4	7	13	1	5	0	15	10	3	9	8	6
2	4	2	1	11	10	13	7	8	15	9	12	5	6	3	0	14
3	11	8	12	7	1	14	2	13	6	15	0	9	10	4	5	3

表 3.6(f)　第 6 个 S 盒(S[6])

S6	0	1	2	3	4	5	6	7	8	9	10	11	12	13	14	15
0	12	1	10	15	9	2	6	8	0	13	3	4	14	7	5	11
1	10	15	4	2	7	12	9	5	6	1	13	14	0	11	3	8
2	9	14	15	5	2	8	12	3	7	0	4	10	1	13	11	6
3	4	3	2	12	9	5	15	10	11	14	1	7	6	0	8	13

表 3.6(g)　第 7 个 S 盒(S[7])

S7	0	1	2	3	4	5	6	7	8	9	10	11	12	13	14	15
0	4	11	2	14	15	0	8	13	3	12	9	7	5	10	6	1
1	13	0	11	7	4	9	1	10	14	3	5	12	2	15	8	6
2	1	4	11	13	12	3	7	14	10	15	6	8	0	5	9	2
3	6	11	13	8	1	4	10	7	9	5	0	15	14	2	3	12

表 3.6(h)　第 8 个 S 盒(S[8])

S8	0	1	2	3	4	5	6	7	8	9	10	11	12	13	14	15
0	13	2	8	4	6	15	11	1	10	9	3	14	5	0	12	7
1	1	15	13	8	10	3	7	4	12	5	6	11	0	14	9	2
2	7	11	4	1	9	12	14	2	0	6	10	13	15	3	5	8
3	2	1	14	7	4	10	8	13	15	12	9	0	3	5	6	11

③ 将 32 位数进行表 3.7 所示的置换 P。

表3.7 置 换 P

16	7	20	21
29	12	28	17
1	15	23	26
5	18	31	10
2	8	24	14
32	27	3	9
19	13	30	6
22	11	4	25

④ 将置换后的32位数和L[i-1]进行异或运算,作为R[i],而L[i]=R[i-1]。

⑤ 重复步骤①~④,直到i=16为止。

完成16轮迭代后,将R[16]和L[16]连接成64位数,然后按表3-8所示的逆初始置换(IP^{-1}),变换得到最后的分组结果。

表3.8 逆初始置换(IP^{-1})

40	8	48	16	56	24	64	32
39	7	47	15	55	23	63	31
38	6	46	14	54	22	62	30
37	5	45	13	53	21	61	29
36	4	44	12	52	20	60	28
35	3	43	11	51	19	59	27
34	2	42	10	50	18	58	26
33	1	41	9	49	17	57	25

3. DES解密算法

DES解密算法的计算过程和加密算法大致相同,不同的是,解密时16个子密钥的使用顺序与加密时相反。

由于输入的明文可能是任意长度,因此明文在进行分组时往往需要填充。常用的填充方法是:如果最后一个分组不足8字节(64位),则该分组填充补足8字节;如果最后一个分组恰好是8字节,则仍填充8字节,每个填充字节的值即为填充字节数。

3.1.4 实验内容

依据上述实验原理,编程实现DES加密和解密算法。

DES加密算法具体要求如下:

(1) 输出任意长度的明文和64位密钥。

(2) 明文按64位进行分组,并进行相应填充。

(3) 根据64位输入密钥,生成16个子密钥。

(4) 依次对每个明文分组进行加密运算,得到密文分组。

(5) 将所有密文分组连接起来，即为密文。

DES 解密算法具体要求如下：

(1) 确定密文为 64 位的整数倍，并将密文按 64 位进行分组。

(2) 利用 16 个子密钥依次对每个密文分组进行解密运算，得到明文分组。

(3) 将所有明文分组连接起来，然后去除填充字节，即为明文。

实验完成后要编写实验报告。实验报告包括实验目的、实验内容、基本原理、程序设计(如流程图)、程序实现(如相关数据结构、函数定义等)、测试运行结果，并提交实验报告附件(包括源程序文件和可执行文件)。

3.2 RSA 算法的原理与实现

3.2.1 实验目的

(1) 掌握经典非对称密码算法 RSA 的加密解密原理。

(2) 编程实现 RSA 算法。

(3) 进一步熟悉 C 语言或其他程序设计语言。

3.2.2 实验环境

硬件：运行 Windows 操作系统的计算机。

软件：C 语言或其他程序设计语言开发环境。

3.2.3 实验原理

RSA 算法是 1977 年由麻省理工学院的 Ron Rivest、Adi Shamir 和 Leonard Adleman 一起提出的非对称加密算法。RSA 就是由他们三人姓氏开头字母拼接而成。RSA 算法是目前最有影响力的公钥加密算法，它能够抵抗现有已知的绝大多数密码攻击，已被 ISO 推荐为公钥数据加密标准。

RSA 算法基于一个十分简单的数论事实：将两个大素数相乘十分容易，但是想要对其乘积进行因式分解却极其困难，因此可以将乘积公开作为加密密钥。RSA 算法主要包括：密钥生成、加密过程和解密过程。

(1) 密钥生成。在密钥生成过程中，首先生成两个大的质数(素数)p 和 q，令 $n=p \times q$，$m=(p-1) \times (q-1)$，选取较小的数 e，使 e 与 m 互质，即 e 和 m 的最大公约数为 1，然后生成 d，使 $d \times e \bmod m=1$，最后丢弃 p，q，m，则公钥为 e 和 n，私钥为 d 和 n。

(2) 加密过程。将明文 x 加密成密文 y 的计算公式为：$y=x^e \bmod n$。从公式可见，加密只牵涉到明文和公钥。因此，密文即使被截获，也无法被解读。

(3) 解密过程。将密文 y 解密成明文 x 的计算公式为：$x=y^d \bmod n$。从公式可见，解密只牵涉到私钥和密文。因此，只要保管好私钥，不泄密，就可以放心地把密文和公钥公开。

(4) 算法实例。下面给出一个算法实例。为计算方便，选择较小的质数(实际应用时不安全)。

① 密钥生成。首先生成两个大的质数 p = 7，q = 19。计算 n = p × q = 133。计算 m = (p − 1) × (q − 1) = 108。选择较小的数 e = 5，使 e 与 108 互质。然后生成 d，使 d × e mod m = 1，计算得到 d = 65。至此，公钥 e = 5，n = 133，私钥 d = 65，n = 133。密钥计算完毕。

② 加密过程。RSA 的原则是明文应该小于 p 和 q 的较小者。所以，明文 x 可取值 6。计算密文：y=x^e mod n=6^5 mod 133=62。

③ 解密过程。计算明文：x = y^d mod n = 62^65 mod 133 = 6。

3.2.4　实验内容

依据上述实验原理，编程实现 RSA 密码算法。

RSA 密钥生成算法具体如下：

(1) 随机选取两个素数，作为 p 和 q。

(2) 计算 n = p × q，m = (p − 1) × (q − 1)。

(3) 随机选取 e，使 e 与 m 互质。

(4) 利用扩展欧几里得算法，计算 d，使 d × e mod m = 1。

(5) 得到公钥(e, n)和私钥(d, n)。

RSA 加密算法具体如下：

(1) 输入明文 x(数字)。

(2) 利用模运算的性质，计算密文 y = x^e mod n。

RSA 解密算法具体如下：

(1) 输入密文 y(数字)。

(2) 利用模运算的性质，计算密文 x = y^d mod n。

实验完成后要编写实验报告。实验报告包括实验目的、实验内容、基本原理、程序设计(如流程图)、程序实现(如相关数据结构、函数定义等)、测试运行结果，并提交实验报告附件(包括源程序文件和可执行文件)。

3.3　简单端口扫描器的设计与实现

3.3.1　实验目的

(1) 掌握端口扫描技术的基本原理。

(2) 设计并实现一个简单的端口扫描器。

(3) 进一步熟悉 C 语言或其他程序设计语言。

3.3.2　实验环境

硬件：运行 Windows 操作系统的计算机。

软件：C 语言或其他程序设计语言开发环境。

3.3.3　实验原理

扫描器通过选用远程 TCP/IP 不同的端口的服务，并记录目标给予的回答，通过这种方法可以搜集到很多关于目标主机的各种有用的信息，例如远程系统是否支持匿名登录、是否存在可写的 FTP 目录、是否开放 TELNET 服务和 HTTPD 服务等。

1．TCP connect( )扫描

这是最基本的 TCP 扫描，可以用操作系统提供的系统函数 connect( )来连接目标主机的任何端口。如果端口处于侦听状态，那么函数 connect( )就会成功返回。否则表明目标端口没有开放，即没有提供服务。这个方法的最大优点是不需要任何权限，系统中的任何用户都可以调用这个函数。这个方法的缺点是扫描速度慢，每扫描一个端口都需要花费较长的时间，如果一次需要扫描很多端口，那么扫描效率显然过于低下。另外，这种方法很容易被察觉，从而导致扫描包被防火墙过滤掉。

2．TCP SYN 扫描

这种技术通常认为是"半开放"方式扫描，这是因为扫描程序不必要打开一个完全的 TCP 连接。扫描程序发送的是一个 SYN 数据包，好像准备打开一个实际的连接并等待反应一样(参见 1.8.1 节 TCP 的三次握手建立一个 TCP 连接的过程)。一个 SYN/ACK 的返回信息表示端口处于侦听状态，返回 RST 表示端口没有处于侦听状态。如果收到一个 SYN/ACK，则扫描程序必须再发送一个 RST 信号来关闭这个连接过程。这种扫描技术的优点在于一般不会在目标计算机上留下记录，但这种方法的缺点是必须要有 root 权限才能建立自己的 SYN 数据包。

3．TCP FIN 扫描

SYN 扫描虽然是"半开放"方式扫描，但在某些时候也不能完全隐藏扫描者的动作，防火墙和包过滤器会对管理员指定的端口进行监视，有的程序能检测到这些扫描。相反，FIN 数据包在扫描过程中却不会遇到过多问题，这种扫描方法的原理是关闭的端口会用适当的 RST 来回复 FIN 数据包，而打开的端口则会忽略 FIN 数据包。不过，这种方法和系统的实现有一定的关系，有的系统不管端口是否打开都会回复 RST，在这种情况下此种扫描就不适用了。

4．IP 分段扫描

这种扫描方式并不是新技术，它并不是直接发送 TCP 探测数据包，而是将数据包分成两个较小的 IP 分段。这样就将一个 TCP 头分成好几个数据包，从而过滤器就很难探测到。

5．TCP 反向 Ident 扫描

Ident 协议允许(RFC1413)看到通过 TCP 连接的任何进程的拥有者的用户名，即使这个连接不是由这个进程开始的。例如扫描者可以连接到 http 端口，然后调用 Identd 来发现服务器是否正在以 root 权限运行。这种方法只能在和目标端口建立了一个完整的 TCP 连接后才能看到。

3.3.4 实验内容

设计实现一个简单的端口扫描器，具体要求如下：

(1) 输入想要扫描的主机 IP，确定常用网络服务的端口列表。

(2) 选择一种端口扫描方法，创建适当数量的线程，每个线程负责扫描一个或多个端口。建议采用不同的端口扫描方法实现，以便最终比较扫描时间，确定不同扫描方法效率的高低。

(3) 结束后释放资源，输出结果。

(4) 计算所用时间。

实验完成后要编写实验报告。实验报告包括实验目的、实验内容、基本原理、程序设计(如流程图)、程序实现(如相关数据结构、函数定义等)、测试运行结果，并提交实验报告附件(包括源程序文件和可执行文件)。

3.4 活动主机探测工具的设计与实现

3.4.1 实验目的

(1) 掌握活动主机探测的基本原理和方法。

(2) 设计并实现一个简单的活动主机探测工具。

(3) 进一步熟悉 C 语言或其他程序设计语言。

3.4.2 实验环境

硬件：运行 Windows 操作系统的计算机。

软件：C 语言或其他程序设计语言开发环境。

3.4.3 实验原理

活动主机探测的目的是确定目标主机是否存活，根据采用的协议可分为四类：基于 ARP 协议、基于 ICMP 协议、基于 TCP 协议、基于 UDP 协议，具体介绍如下。

1. 基于 ARP 协议的活动主机探测

ARP 协议工作时，会发送一个含有目标 IP 地址的 ARP 广播请求包。如果目标主机存活，就会回应一个含有 IP 和以太网地址对的 ARP 应答包，否则无应答。利用 ARP 协议的工作原理，通过发送 ARP 广播请求包，进而检查是否有对应的 ARP 应答包，从而判定出目标主机是否存活。

2. 基于 ICMP 协议的活动主机探测

① ICMP Echo 扫描。该方法的精度相对较高。通过简单地向目标主机发送 ICMP Echo 请求包，并等待回复的 ICMP Echo 应答包，如 Ping。

② ICMP Sweep 扫描。sweep 这个词意味着像机枪扫射一样，ICMP 进行扫射式的扫描，就是并发性扫描，使用 ICMP Echo 请求一次探测多个目标主机。通常这种探测包会并行发送，以提高探测效率，适用于大范围 IP 段主机的探测。

③ Broadcast ICMP 扫描。广播型 ICMP 扫描，利用了一些主机在 ICMP 实现上的差异，设置 ICMP 请求包的目标地址为广播地址或网络地址，则可以探测广播域或整个网络范围内的主机，子网内所有存活主机都会给以回应。但这种情况只适合于 UNIX/Linux 系统。

④ Non-Echo ICMP 扫描。在 ICMP 协议中，除了利用 ICMP ECHO 技术，也可以使用 Non-ECHO ICMP 技术。如：时间戳请求和时间戳应答、信息请求和信息应答、地址掩码请求和地址掩码应答。该方法不仅仅能探测主机，也可以探测网络设备如路由器。

3. 基于 TCP 协议的活动主机探测

① TCP connect( )扫描。这是最基本的活动主机探测方法。通过调用系统函数 connect( )，尝试连接主机通常开放的服务端口。如果连接成功，表明服务正常开放，主机存活，否则主机不存活。

② TCP 报文扫描。TCP 报头里，有 6 个连接标记，分别是 URG、ACK、PSH、RST、SYN、FIN。通过这些连接标记不同的组合方式，可以获得不同的返回报文。例如，向目标主机的特定端口发送一个 SYN 包，如果端口开放，就会返回 SYN/ACK，否则会返回 RST，停止建立连接。由于没有完全建立连接，所以称为半开放扫描。但由于 SYN flood 作为一种 DDOS 攻击手段被大量采用，因此很多防火墙都会对 SYN 报文进行过滤，所以这种方法并不总是有用的。

③ Reverse-ident 扫描。这种技术利用了 Ident 协议(RFC1413)。Ident 协议是大部分主机都会运行的协议，用于鉴别 TCP 连接的用户，TCP 端口为 113。Ident 的工作原理：查找特定 TCP/IP 连接，并返回拥有此连接的进程的用户名。这种扫描方式的缺点在于只能在 TCP 全连接之后才有效，并且实际上很多主机都会关闭 Ident 服务。

4. 基于 UDP 协议的活动主机探测

由于防火墙设备的流行，TCP 端口的管理状态越来越严格，也不会轻易开放，并且通信监视严格。为了避免这种监视，达到探测的目的，就出现了 UDP 扫描。UDP 扫描的工作原理：在大多数情况下，当向一个未开放的 UDP 端口发送数据时，其主机就会返回一个 ICMP 不可到达(ICMP_PORT_UNREACHABLE)的错误报文。大多数 UDP 端口扫描的方法就是向被扫描的 UDP 端口发送零字节的 UDP 数据包，如果收到一个 ICMP 不可到达的回应，那么则认为这个端口是关闭的，对于没有回应的端口则认为是开放的。

使用 UDP 扫描要注意的是：

① UDP 的状态、精度比较差，因为 UDP 是不面向连接的，所以整个精度会比较低。

② UDP 扫描速度比较慢，TCP 扫描 1 秒的延时，在 UDP 里可能就需要 2 秒，这是由于不同操作系统在实现 ICMP 协议的时候，为了避免广播风暴都会有峰值速率的限制。利用 UDP 作为扫描协议，就会对精度、延时产生较大影响。

3.4.4　实验内容

设计实现一个活动主机探测程序，具体如下：

(1) 输入想要扫描的网段，并转换为 IP 列表。

(2) 选择一种活动主机探测方法，创建适当数量的线程，每个线程负责扫描一个或多个主机。建议采用不同的探测方法实现，以便最终比较探测时间，确定不同探测方法的效率高低。

(3) 结束后释放资源，输出结果。

(4) 计算所用时间。

实验完成后要编写实验报告。实验报告包括实验目的和内容、基本原理、程序设计(如流程图)、程序实现(如相关数据结构、函数定义等)、测试运行结果，并提交实验报告附件(包括源程序文件和可执行文件)。

3.5　简单网络嗅探器的设计与实现

3.5.1　实验目的

(1) 掌握网络嗅探的基本原理。

(2) 设计并实现一个简单的网络嗅探器。

(3) 进一步熟悉 C 语言或其他程序设计语言。

3.5.2　实验环境

硬件：运行 Windows 操作系统的计算机。

软件：C 语言或其他程序设计语言开发环境。

3.5.3　实验原理

网络嗅探器，又称为网络监听器，简称为 Sniffer。它通常放置于网络节点处，对网络中的数据帧进行捕获，是一种常用的收集有用数据的被动监听手段。这些数据可以是用户的账号和密码，可以是一些商用机密数据等等。它被广泛地应用于流量分析、安全监控、网管分析、防火墙等的实现中。

网络嗅探器利用的是共享式的网络传输介质。共享即意味着网络中的一台机器可以嗅探到传递给本网段(冲突域)中的所有机器的报文。例如，最常见的以太网就是一种共享式的网络技术。以太网卡收到报文后，通过对目的地址进行检查，来判断是否是传递给自己的，如果是，则把报文传递给操作系统；否则，将报文丢弃，不进行处理。以太网卡存在一种特殊的工作模式，在这种工作模式下，网卡不对目的地址进行判断，而直接将它收到的所有报文都传递给操作系统进行处理，这种特殊的工作模式，就称之为混杂模式。网络嗅探器通过将网卡设置为混杂模式来实现对网络的嗅探。

网络嗅探器的实现技术可分为两类：一类是采用系统提供的网络套接字接口(原始套接字)实现；另一类是采用第三方开发接口包实现，如 VC 平台下的 Winpcap 包，JAVA 中的 JPCAP 包，Linux 平台下的 Libpcap 包。下面以 Winpcap 为例，对网络嗅探器的实现原理进行介绍。

Winpcap(windows packet capture)是 windows 平台下一个免费的、公共的基于 windows 的网络接口 API 库。主要为 win32 应用程序提供访问网络底层的功能。Winpcap 的主要功能在于独立于主机协议(如 TCP/IP)发送和接收原始数据报,也就是说,Winpcap 不能阻塞、过滤或控制其他应用程序数据报的收发,它只是监听共享网络上传送的数据报。因此,它不能用于 QoS 调度程序或个人防火墙。

Winpcap 开发包的常用功能有:

(1) 捕获链路中的数据包,包括发送到该主机的数据包和不是传送给该主机的数据包类型。

(2) 在数据包送往应用程序之前,按照提前设置好的规则过滤掉一些特殊的数据包。

(3) 从原始主机向目的主机发送数据包。

(4) 统计网络中的数据信息,并作出分析。

Winpcap 的主要功能函数有:

(1) int pcap_findalldevs_ex(char *source, struct pcap_rmtauth *auth, pcap_if_t **alldevs, char *errbuf);

该函数返回一个 pcap_if 结构的链表,每个这样的结构都包含了一个适配器的详细信息。

(2) void pcap_freealldevs(pcap_if_t alldevsp);

释放 pcap_findalldevs( )函数返回的适配器列表。

(3) pcap_t * pcap_open(const char * source, int snaplen, int flags, int read_timeout, struct pcap_rmtauth * auth, char * errbuf);

打开一个适配器进行数据包捕获。

(4) int pcap_loop(pcap_t * p, int cnt, pcap_handler callback, u_char * user);

循环捕获数据包。

(5) int pcap_next_ex(pcap_t * p, struct pcap_pkthdr ** pkt_header, const u_char ** pck_data);

从网络接口中读取一个数据包。

(6) int pcap_compile(pcap_t * p, struct bpf_program * fp, char * str, int optimize, bpf_u_int32 netmask);

将一个高层的布尔过滤表达式编译成一个能够被过滤引擎所解释的低层的字节码。

(7) int pcap_setfilter(pcap_t * p, struct bpf_program * fp);

将一个过滤器与内核捕获会话相关联,指定一个过滤程序。

3.5.4 实验内容

编写实现一个简单的基于 Winpcap 的网络嗅探器,具体要求如下:

(1) 安装 Winpcap 开发包,并设置好编译环境。

(2) 获得本机网卡列表,用户选择要监听的网卡,并将选择的网卡设置为混杂模式。

(3) 获得当前的过滤规则,编译并设置,可为空。

(4) 不断获取网络数据包(数据链路层的帧)。

(5) 对网络帧开始逐层解析,提取各层首部的重要字段,如:源 IP 地址、目的 IP 地址、高层协议类型、帧长度等,并显示出来。

实验完成后要编写实验报告。实验报告包括实验目的、实验内容、基本原理、程序设计(如流程图)、程序实现(如相关数据结构、函数定义等)、测试运行结果,并提交实验报告附件(包括源程序文件和可执行文件)。

3.6 网络流量统计工具的设计与实现

3.6.1 实验目的

(1) 掌握网络流量统计的基本原理。
(2) 设计并实现一个简单的网络流量统计工具。
(3) 进一步熟悉 C 语言或其他程序设计语言。

3.6.2 实验环境

硬件:运行 Windows 操作系统的计算机。
软件:C 语言或其他程序设计语言开发环境。

3.6.3 实验原理

网络流量反映了网络的运行状态,是判断网络是否正常运行的关键数据。对网络流量进行统计和分析,使网络管理员能够掌握网络的运行情况,分析网络潜在的不确定因素,发现网络存在的问题,进而为改善优化网络提供基础依据。

网络流量统计程序往往包括三个部分:(1) 网络数据包捕获。(2) 数据包协议分析。(3) 流量分布统计。

网络数据包捕获的实现方法与网络嗅探器相同,在此不再赘述。数据包协议分析的主要依据是计算机网络中各层协议的首部格式。

首先,利用 Winpcap 或原始套接字捕获原始数据包,即数据链路层的帧。本实验要求捕获以太网 MAC 帧(以太网 V2 标准,帧格式参见 1.2.1 节图 1-10),捕获的原始数据帧信息有:目的地址、源地址、协议类型和上层协议数据。

数据链路层的上层是网络层,最主流的协议是 IP 协议,IP 协议格式参见 1.4.1 节图 1-12。

网络层的上层是传输层,最主流的协议是 TCP 和 UDP 协议。TCP 协议,即传输控制协议,提供面向连接的、可靠的数据传输。TCP 是面向字节流的,即把上层应用程序下发的数据部分视为字节流,并拆分成多个报文段分别进行传输。TCP 报文段格式参见 1.8.1 节图 1-17。

UDP 协议,即用户数据报协议,提供无连接的、不可靠的数据传输。UDP 是面向报文的,即一次交付一个完整的报文。UDP 数据报格式参见 1.7.1 节所述。

3.6.4　实验内容

设计实现一个简单的网络流量统计工具，具体要求如下：

(1) 设置编译环境，加载套接字库文件，或第三方开发包库文件(Winpcap, Jpcap, 或 Libpcap)。

(2) 调用库函数捕获网络数据包，即原始数据帧。

(3) 逐层解析数据帧，提取各层首部的重要字段，如：源 IP 地址、目的 IP 地址、源端口、目的端口、各层协议类型、帧长度等。

(4) 对目前为止捕获的所有包进行统计分析，包括：数据包速率、流量速率、协议分布、长度分布、连接分布等。

实验完成后要编写实验报告。实验报告包括实验目的、实验内容、基本原理、程序设计(如流程图)、程序实现(如相关数据结构、函数定义等)、测试运行结果，并提交实验报告附件(包括源程序文件和可执行文件)。

第4章 无线局域网实验

4.1 无线局域网基础知识

无线局域网(Wireless Local Area Networks,WLAN)是一种使用无线传输技术的局域网,可满足移动性、自组连网的要求,并且在有线网络布线困难的地方比较容易实施的要求,目前被广泛应用于因特网接入服务。

4.1.1 无线局域网标准

目前,用得最广泛的无线局域网标准是 IEEE 802.11 系列标准。IEEE802.11 协议诞生于 1997 年 6 月,以后又扩展了 802.11b、802.11a、802.11g、802.11n 等标准。IEEE 802.11 系列主要标准参见表 4.1,WLAN 信道速率、信道质量与设备间的距离密切相关,信道质量越好速率越高,设备间距离越近速率越高,表中给出的是最高速率。

表 4.1 IEEE 802.11 系列主要标准

标准	工作频段/Hz	最高速率/Mbps	覆盖范围/m	通过时间/年
IEEE 802.11	2.4G	2	100	1997
IEEE 802.11 b	2.4G	11	100～300	1999
IEEE 802.11a	5G	54	30～50	2000
IEEE 802.11g	2.4G	54	100～300	2003
IEEE 802.11n	2.4G、5G	300	100～300	2009

目前,WLAN 的推广和认证工作主要由产业标准组织无线保真(Wireless Fidelity,Wi-Fi)联盟完成,所以 WLAN 常常被称之为 Wi-Fi。

4.1.2 无线局域网设备

常用的无线局域网设备包括无线网卡、无线接入点、无线路由器等。

无线网卡是采用无线信号进行网络连接的网卡。根据与主机接口的不同可以分为 PCI 接口无线网卡、USB 接口无线网卡、PCMCIA 接口无线网卡、SD/CF 接口无线网卡。其中,USB 接口无线网卡由于支持热插拔,体积小,通用性强等优点广泛应用于笔记本和台式机,而 PCMCIA 无线网卡和 MiniPCI 无线网卡仅适用于笔记本电脑。

接入点(Access Point,AP),是具备无线至有线的桥接功能的设备,允许计算机以无线通信方式通过 AP 与其他计算机通信或接入分布式系统(Ditribution System,DS)。如果在 AP 中集成了宽带路由器的功能,则成为无线路由器。无线路由器功能非常强,除了具有普通 AP 的所有功能(如支持 DHCP 客户端、支持 VPN、防火墙、支持 WEP 加密等)，还具有网络地址转换，局域网用户的网络连接共享，接入因特网等功能。

4.1.3　无线局域网组网模式

为了适应不同的应用需求，WLAN 有多种组网方案，例如，Ad-Hoc、无线接入点、点对点桥接、点对多点路由、无线客户端、无线转发器。根据这些方案中有无基础设施，可以归为两种组网模式——自组网(Ad-Hoc)模式和有基础设施(Infarstructure)模式。

Ad-Hoc 无线局域网是由一组安装了无线网卡的计算机通过无线链路组成的点对点结构的无线局域网，这种网络中的计算机不需要通过 AP 进行数据转发，相互间通过无线信号直接通信，其结构如图 4-1 所示(图中带箭头的直线表示无线信道)，4 台计算机相互可以直接通信。

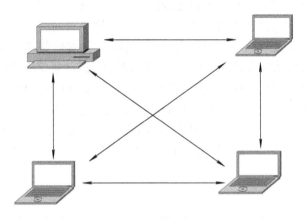

图 4-1　Ad-Hoc 模式

Infrastructure 模式是一种整合有线与无线局域网架构的应用模式，与 Ad-Hoc 不同的是配备无线网卡的电脑必须通过 AP 来进行无线通信。任何计算机必须与 AP 关联后，才能与无线网络中的其他计算机通信。若干台与同一个 AP 关联的计算机构成一个基本服务集(Basic Service Set，BSS)，不同的 BSS 通过一个分布式系统(如以太网)互联起来构成一个扩展服务集(Extended Service Set，ESS)，ESS 使得不同 BSS 中的计算机可以相互通信，从而可以扩展无线局域网的规模。图 4-2 给出了 BSS 与 ESS 示例。

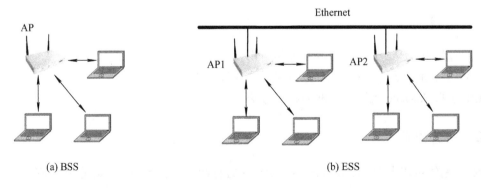

图 4-2　Infrastructure 模式

4.1.4　无线局域网中的几个基本概念

1. 无线局域网标识

无线局域网使用服务集标识号(Service Set Identifier，SSID)或者扩展服务集标识(Extended Service Set Identifier，ESSID)来标识一个局域网，它最多可以有 32 个字符，无线网卡设置了不同的 SSID 就可以进入不同的无线网络。一个无线局域网要正常工作，客户端必须配置正确的 SSID。SSID 通常由 AP 广播出来，出于安全考虑可以不广播 SSID，此时用户就要手工设置 SSID 才能进入相应的网络。简单来说，SSID 就是一个局域网的名称，只有相同 SSID 的主机才能互相通信。

2. 无线局域网安全

由于无线局域网其固有的特点使得无线网络比有线网络更容易受到入侵，只要攻击端的主机在无线接入器的有效范围内，就可以进入无线网络访问网络的资源。因此，需要通过一些安全措施来让无线网络变得更安全可靠。通常，无线网络通过认证的方式控制用户接入无线网络，主要的认证方式有三种：① 开放系统，开放系统不需要认证，允许所有设备加入网络；② 有线等效保密(WEP)，WEP 采用一个 40 bit 或 104 bit 的密钥，这个密钥被用作一个向量来产生一个 64 bit 或 128 bit 的密钥，对无线传输中的数据进行加密，从而保证无线网络的安全；③ Wi-Fi 保护接入(Wi-Fi Protected Access，WPA)，WPA 是一种比 WEP 更安全的加密方法，所以如果对数据安全性有很高的要求，那就必须选用 WPA 加密的方式。

3. 无线信道

无线信道也就是常说的无线的"频段(Channel)"，是以无线信号作为传输媒体的数据信号传送通道。常用的 IEEE 802.11 b/g 工作在 2.4～2.4835 GHz 频段，这些频段一般被分为 11 个信道，实际只有 3 个不重复信道，分别是 1、6 和 11。两台主机必须具有相同信道才能相互通信。

4.2　Ad-Hoc 无线局域网配置

4.2.1　实验目的

(1) 理解 Ad-Hoc 无线局域网原理和结构。
(2) 理解所要配置的 Ad-Hoc 无线局域网各参数的作用。
(3) 掌握 Ad-Hoc 无线局域网的配置方法。

4.2.2　实验设备

配备无线网卡且运行 Windows 操作系统的计算机两台(可以是笔记本或者台式计算机)。

4.2.3　实验拓扑结构

实验拓扑结构如图 4-3 所示。图中给出了两台机器 PC1 和 PC2 的 IP 地址，也可以设置为其他地址，但必须是在同一网段的地址。

图 4-3　实验拓扑结构

4.2.4　实验原理

在配置无线局域网络时，首先要配置组网模式，本实验要求配置选择 Ad-Hoc。其次要对加入 Ad-Hoc 网络中的计算机的无线网络参数进行配置，这些参数包括 SSID、无线信道和数据率，Ad-Hoc 网络中的计算机网卡必须设置相同的 SSID，选择相同的信道。实际配置中除了配置 SSID，无线信道和数据率一般选择默认方式。最后，Ad-Hoc 网络中的各计算机要能相互通信，还必须对网络层 IP 协议的属性进行正确配置，包括 IP 地址、子网掩码，各机器的 IP 地址必须属于同一网段。配置好后，当网络中的两台机器在一定范围内时(即有一定强度的无线信号能够覆盖的范围内)，两台机器就可以相互通信。

4.2.5　实验步骤

1. 安装无线网卡

在 Ad-Hoc 网络中的两台计算机中安装无线网卡及其驱动程序(运行安装光盘中的 setup.exe)，网卡驱动程序安装完成后，在任务栏中会显示无线网络标志，参见图 4-4 中绿色波标志，注意，不同厂家无线产品，该标志形状不完全相同。

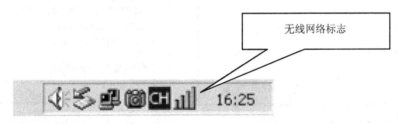

图 4-4　无线网络标志

2. 配置无线网络参数

配置无线网络的参数有两种方法，一种是利用无线网卡厂商提供的无线网络配置实用工具，另一种是利用无线网络连接属性对话框，本实验使用后者。

在 PC1 机器上按照下列方法配置 SSID、组网模式，其他参数使用默认配置。

(1) 按照图 4-5 给出的方法打开无线网络连接属性对话框。

图 4-5　选择无线网络连接属性

(2) 在属性对话框中选择"无线网络配置"选项卡，单击"添加"按钮新建一个无线网络，设 SSID 为"ruijie"，如图 4-6 所示。

(3) 在属性对话框中选择"高级"选项卡，弹出"高级"对话框，在对话框中选择"仅计算机到计算机"模式，达到选择 Ad-Hoc 模式的目的，如图 4-7 所示。

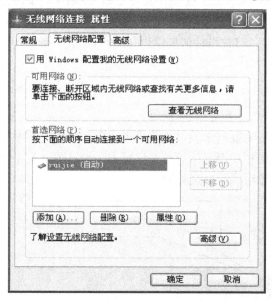

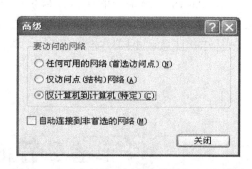

图 4-6　无线网络连接属性对话框　　　图 4-7　在"高级"对话框中设置 Ad-Hoc 模式

对 PC2 机器的配置与 PC1 基本相同，只是在步骤(2)中可以添加新的无线网络(必须与 PC1 设置相同的 SSID)，也可以自动搜索已有的无线网络。

3. 设置 TCP/IP 网络参数

在 PC1 和 PC2 机器的 TCP/IP 属性窗口设置 IP 地址、子网掩码等参数。具体方法如图 4-8 所示。

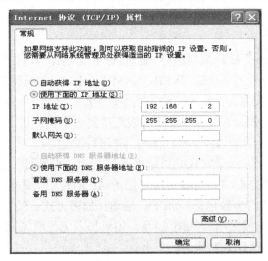

图 4-8   设置 TCP/IP 网络参数

4. 测试网络连通性

在 PC1 上 Ping PC2 的 IP 地址，在 PC2 上 Ping PC1 的 IP 地址，观察结果。如果能 Ping 通，说明配置成功，如果不能 Ping 通，请分析原因。

4.2.6   问题思考

(1) 怎么组建 4 台电脑的 Ad-Hoc 网络？

(2) 怎么在 Ad-Hoc 网络中共享文件？写出配置过程及测试结果。

4.3   Infrastructure 无线网络配置

4.3.1   实验目的

(1) 理解 Infrastructure 无线局域网原理和结构。

(2) 理解所要配置的 Infrastructure 无线局域网各参数的作用。

(3) 掌握 Infrastructure 无线局域网的配置方法。

(4) 掌握通过带路由功能的 AP 接入因特网的配置方法。

4.3.2   实验设备

(1) 带路由功能的 AP 一台。

(2) 配置无线网卡的主机(或笔记本)两台。

4.3.3   实验拓扑结构

实验拓扑结构如图 4-9 所示。

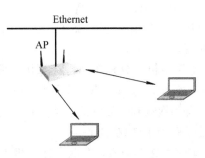

图 4-9   实验拓扑结构

4.3.4 实验原理

在配置 Infrastructure 无线局域网络时,要对 AP 和无线站点(台式机或笔记本)分别配置。

AP 的几种配置方法有 Console、WEB、SNMP、telnet 等,目前,WEB 方式方便灵活,广泛应用于网络设备的配置。一般 AP 至少有两个以太接口,一个是 WAN,另一个是 LAN。WAN 接口用来接入因特网,而 LAN 接口用来连接到一个交换机。在交换机上的一台计算机,可以以 WEB 方式登录到 AP 管理界面对 AP 进行配置。

生产厂商给 AP 设置了一个默认的局域网段 IP 地址,此地址一般是 192.168.1.0 网段上的一个 IP 地址,如 192.168.1.1,可参考所使用的 AP 的说明书。组建 Infrastructure 无线局域网络时,AP 需要配置的参数包括:SSID、信道、加密方式、802.11 协议参数(802.11b 或/和 802.11g)、IP 地址(一般采用默认地址)等。如果加入无线局域网络的计算机需要自动获取 IP 地址,则 AP 要开启 DHCP 服务。

无线网络站点的配置与上一个实验(Ad-Hoc 无线局域网配置)基本相同,不同之处是组网模式要选择 Infrastructure 模式,网关要设置为 AP 的地址。如果 AP 开启了 DHCP 服务则可以自动获得 IP 地址。

Infrastructure 无线局域网络中的计算机需要通过 AP 接入因特网,首先要将 AP 通过 WAN 接口接入因特网,然后设置 WAN 端的 TCP/IP 属性。接入因特网的方式(上网方式)不同,配置方法也略有不同。常用接入因特网的方式有三种,分别是 PPPoE(ADSL 虚拟拨号)、动态 IP(以太网宽带,自动从网络服务商获取 IP 地址)、静态 IP(以太网宽带,网络服务商提供固定 IP 地址)。

4.3.5 实验步骤

1. 组建 Infrastructure 无线局域网

根据图 4-9 的拓扑结构组建 Infrastructure 无线局域网,AP 的 LAN 地址配置为 192.168.1.1,两个无线站点的 IP 地址采用手动的方式配置,分别为与 AP 在同一网段的 192.168.1.2 和 192.168.1.3。

(1) 配置 AP。首先通过 LAN 接口将 AP 连接到交换机或集线器,将一台 PC 机连接到交换机或集线器。将 PC 机地址设置为与 AP 同网段的一个 IP 地址,如 192.168.1.5。打开 PC 机浏览器,并在浏览器地址栏输入 AP 默认地址,如 192.168.1.1,出现身份验证窗口,根据说明书上的提示输入 AP 管理系统的默认口令(默认口令可以从所使用的 AP 说明书获得),即可以进入 AP 管理系统。

在 AP 管理系统中配置 SSID、无线信道、速率、LAN IP 地址,后三个参数都可以采用默认配置。

(2) 配置主机。分别在两台计算机上安装无线网卡及其驱动程序,安装完成后进入无线网络参数设置,将网络模式设置为 Infrastructure,其他参数设置参见 4.2 节,有些无须设置,可以自动搜索到无线网络。然后设置 TCP/IP 协议属性,手动设置 IP 地址和网关地址,网关地址设置为 192.168.1.1。

(3) 测试网络连通性。在两台计算机上相互 Ping 对方 IP 地址,观察结果。如果能 Ping

通，说明配置成功，如果不能 Ping 通，请分析原因。

2. 接入 Internet

设 AP 以静态 IP 地址方式接入因特网，AP 的 WAN 端口 IP 地址为 172.16.6.199，子网掩码为 255.255.255.0，网关为 172.16.6.254，主域名服务器为 202.103.96.112，备份域名服务器为 202.103.96.68。AP 需要开启 DHCP 服务，DHCP 服务地址为 192.168.1.100～192.168.1.199。

(1) 配置 AP。将 AP 的 WAN 端口接入与 Internet 相连的另一个网络(如校园网)。然后，利用 AP 设置向导或者在高级设置中设置相关参数，本实验使用设置向导(参见图 4-10)。按向导要求依次设置 LAN 的 TCP/IP 属性(参见图 4-11)，WAN 端口 TCP/IP 属性(参见图 4-12)，开启并配置 DHCP 服务(参见图 4-13)。

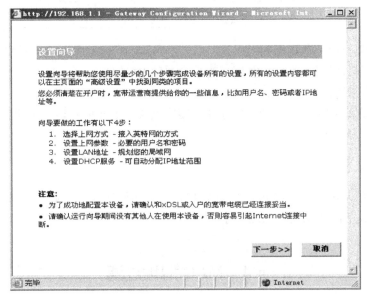

图 4-10　AP 设置向导

图 4-11　LAN 的 TCP/IP 属性

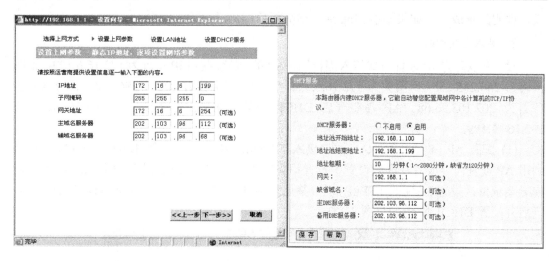

图 4-12　WAN 的 TCP/IP 属性　　　　图 4-13　DHCP 服务设置

(2) 配置两台计算机的 TCP/IP 属性为自动获取 IP 地址。

(3) 测试网络连接。

在主机浏览器中输入一个网站的 URL，观察结果。如果能够访问该网站，说明配置正确，如果不能，请分析原因。

4.3.6　问题思考

如果上网方式分别选择 PPPoE 和动态 IP，应该如何配置 WAN 端 TCP/IP 属性？分别写出这两种方式下需要配置的 WAN 端参数。

4.4　MAC 地址过滤

4.4.1　实验目的

(1) 理解接入控制的含义。

(2) 掌握 MAC 地址过滤技术的原理及配置方法。

4.4.2　实验设备

AP 一台，配置有线网卡的计算机一台，配备无线网卡的计算机两台(可以是笔记本或者台式计算机)。

4.4.3　实验拓扑结构

实验拓扑结构如图 4-14 所示。图中 STA1 计算机以有线的方式接入 AP 的以太网端口，STA2 和 STA3 分别为无线站点。

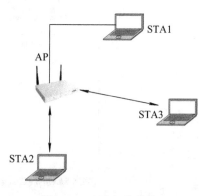

图 4-14　实验拓扑结构

4.4.4 实验原理

无线网络接入控制是指控制无线站点接入无线网络，达到访问控制的目的。无线网络接入控制可以通过过滤 MAC 地址来实现。一般 AP 提供三种接入控制模式，分别是开放模式、允许模式和拒绝模式。开放模式不对地址进行过滤，后两种模式通过使用地址过滤表的方法实现地址过滤。如果是允许模式，MAC 地址列在过滤表中的计算机允许接入无线网路，MAC 地址没有列在过滤表的计算机一律不准接入无线网络。拒绝模式恰恰相反，MAC 地址列在过滤表中的计算机不允许接入无线网络，MAC 地址没有列在过滤表的才允许接入无线网路。一般默认为开放模式。

4.4.5 实验步骤

(1) 参见 4.3 节的方法配置 AP 的有线站点 STA1 的 TCP/IP 属性，设 IP 地址为 192.168.1.10，网关为 AP 的地址 192.168.1.1。

(2) 按照 4.3 节的方法将 STA2、STA3 与 AP 组建成 Infrastructure 无线局域网络。设两台站点的 IP 地址为 192.168.1.20 和 192.168.1.30。

(3) 测试网络连接。三台计算机分别 Ping 对方 IP 地址，若能 Ping 通则网络配置正确，否则错误并查找原因。

(4) 配置地址过滤表为拒绝 STA2 加入无线网络。设无线站点 STA2 的 MAC 地址为 00:60:B3:F0:D6:41，可以在无线站点上以命令行方式运行 ipconfig 命令查看 MAC 地址。

在 AP 管理界面的配置中选择接入控制，进入接入控制界面，选择拒绝模式，并在过滤表中添加 STA2 的 MAC 地址，图 4-15 给出了锐捷 RG-WG54P 的 AP 管理系统接入控制配置界面。

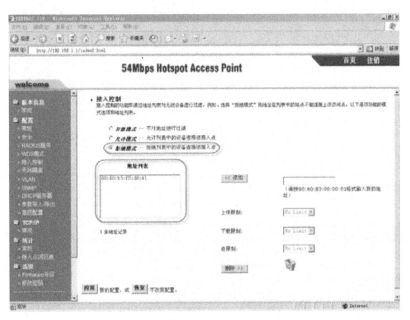

图 4.15 RG-WG54P 接入控制配置界面

(5) 测试结果。在三台站点上互相 Ping 对方 IP 地址，结果 STA1 和 STA3 可以相互 Ping 通，而 STA2 不能与 STA1 和 STA3 Ping 通。

4.4.6 问题思考

如果接入控制为允许模式，而配置地址过滤表中为 STA2 的 MAC 地址，三台机器互相 Ping 的结果如何？说明原因。